SAMMLUNG GÖSCHEN BAND 442

DAS TIERREICH

Redigiert von H. v. Lengerken

II

SCHWÄMME UND HOHLTIERE

von

Dr. HANS-JOACHIM HANNEMANN

Mit 80 Abbildungen

WALTER DE GRUYTER & CO.
vormals G. J. Göschen'sche Verlagshandlung · J. Guttentag,
Verlagsbuchhandlung · Georg Reimer · Karl J. Trübner · Veit & Comp
BERLIN 1956

Archiv-Nr. 11 04 42
Satz und Druck: Saladruck, Berlin N 65
Printed in Germany

DAS TIERREICH
IN DER SAMMLUNG GÖSCHEN

ist wie folgt gegliedert:

Bd. I. Einzeller.

Bd. II. Schwämme und Hohltiere.

Bd. III. Plattwürmer, Hohlwürmer, Kamptozoen, Schnurwürmer, Ringelwürmer, Protracheaten, Bärtierchen und Zungenwürmer.

Bd. IV. 1. Gliederfüßer: Krebse.

Bd. IV. 2. Gliederfüßer: Trilobitomorphen, Fühlerlose und Tracheenatmer: Tausendfüßler.

Bd. IV. 3. Gliederfüßer: Insekten.

Bd. V. Weichtiere.

Bd. VI. Stachelhäuter, Tentakulaten, Binnenatmer und Pfeilwürmer.

Bd. VII. 1. Chordatiere: Manteltiere, Schädellose, Rundmäuler.

Bd. VII. 2. Chordatiere: Fische.

Bd. VII. 3. Chordatiere: Lurche.

Bd. VII. 4. Chordatiere: Kriechtiere.

Bd. VII. 5. Chordatiere: Vögel.

Bd. VII. 6. Chordatiere: Säugetiere.

STÄMME DES TIERREICHES

1. Urtiere *(Protozoa)*
2. Schwämme *(Spongia)*
3. Hohltiere *(Coelenterata)*
4. Plattwürmer *(Plathelminthes)*
5. Hohlwürmer *(Aschelminthes)*
6. Schnurwürmer *(Nemertini)*
7. Kamptozoen *(Kamptozoa, Entoprocta)*
8. Ringelwürmer *(Annelida)*
9. Protracheaten *(Protracheata, Onychophora)*
10. Bärtierchen *(Tardigrada)*
11. Zungenwürmer *(Linguatulida)*
12. Gliederfüßer *(Arthropoda)*
13. Weichtiere *(Mollusca)*
14. Stachelhäuter *(Echinodermata)*
15. Tentakulaten *(Tentaculata)*, Hufeisenwürmer *(Phoronidea)*, Moostierchen *(Bryozoa)* und Armfüßler *(Brachiopoda)*
16. Binnenatmer *(Enteropneusta)*
17. Pfeilwürmer *(Chaetognatha)*
18. Chordatiere *(Chordata)*

INHALT
von Bd. II

Einleitung[1])

1. Unterreich: Bd. I.	Einzeller, Urtiere, Protozoen *(Protozoa)*,
	1. Stamm: Urtiere *(Protozoa)*,
2. Unterreich:	Vielzeller, Gewebs- oder Höhere Tiere, Metazoen *(Metazoa)*,
	1. Division: Mesozoen *(Mesozoa)*,
	2. Division: Parazoen *(Parazoa)*,
	2. Stamm: Schwämme *(Spongia, Porifera)* [s. S. 8],
	3. Division: Eumetazoen *(Eumetazoa)*,
	3. Stamm: Hohltiere *(Coelenterata)* [s. S. 22].
Bd. III.	4. Stamm: Plattwürmer *(Plathelminthes)*.

2. Unterreich: Vielzeller, Gewebs- oder Höhere Tiere *(Metazoa)*[2])

Vielzellige Tiere, deren Körper sich aus ungleichartigen, in ihrer Leistung infolge von Arbeitsteilung spezialisierten Zellen zusammensetzt. Die hierher gehörigen Stämme werden den Einzellern gegenübergestellt.

1. Division: Mesozoen *(Mesozoa)*

Die Mesozoen (von gr. *mésos* mittel), eine artenarme Abteilung der Gewebstiere, sind kleine, 0,1—7 mm große Endoparasiten (Innenparasiten) in Kopffüßlern, Stachelhäutern sowie Meereswürmern und stehen auf der Organisationsstufe einer Morula[3]). Eine Schicht bewimperter großer Zellen bildet die Gestalt eines Schlauches und um-

1) Einleitung verfaßt von *H. v. Lengerken.*
2) *metá* (gr.) nach.
3) morula (lat.) Maulbeere, hier = Zellhaufen von Gestalt einer Maulbeere, ein Furchungsstadium höherer Tiere.

hüllt eine Axialzelle, in der Keimzellen entstehen, die keine Reduktionsteilung durchlaufen. Aus ihnen entwickeln sich Schwärmlarven. Ob die Mesozoen ursprünglich gebaute oder in Wechselbeziehung zur parasitären Lebensweise rückgebildete Tiere sind, ist nicht entschieden. Desgleichen muß fraglich bleiben, ob sie im stammesgeschichtlichen Sinne als Übergangsformen zwischen Einzellern und Vielzellern aufgefaßt werden dürfen.

Hierher: *Dicyema* in den Venenanhängen von Kopffüßlern.

2. Division: Parazoen *(Parazoa)*

Die Parazoen (von gr. *pará* neben) weisen noch keine Organe auf. Die Körperzellen bewahren in verhältnismäßig hohem Grade ihre Selbständigkeit.

Hierher: einziger Stamm: Schwämme *(Spongia)*.

2. STAMM

SCHWÄMME (*Spongia, Porifera*)

Die Schwämme, *Spongia*[1]) oder *Porifera*[2]) stellen eine sehr eigenartige Metazoengruppe dar, die nur wenige verwandtschaftliche Beziehungen zu anderen Tierstämmen aufweist. Da die Schwämme keine echten Gewebe und Organe besitzen, bezeichnet man sie zur Unterscheidung von allen übrigen Metazoen als Parazoen. Außer während einer kurzen Periode in der Larvenzeit sind die Poriferen nicht frei beweglich. Ihr Körper besteht aus einem lockeren Verband selbständiger Zellen, die sich um ein Wasserkanalsystem ordnen. Hinsichtlich der Ernährungsweise sind die Schwämme Filtrierer. Sie leben vorwiegend im Meer, seltener im Süßwasser. Die marinen Formen sind sowohl dicht an der Meeresoberfläche als auch in Tiefen bis zu 5500 m zu finden. Wenige Gattungen sind nur in bestimmten Gebieten der Erde beheimatet, die meisten dagegen sind als Geopoliten zu bezeichnen. Größe, Färbung und Gestalt sind mannigfaltig. Manche Schwämme werden bis zu 2 m Durchmesser groß, während andere kaum eine Höhe von 1 cm erreichen. Die Färbung variiert zwischen unscheinbar grauen und leuchtend gelben, grünen, roten und violetten Tönen. Neben regellosen Klumpen und einfachen Krusten entwickeln sich pflanzenartig verzweigte Bäumchen. Sie besiedeln Steine, Pfähle, Schilfstengel oder sitzen unmittelbar dem Boden auf.

Körperbau und Ernährung

Trotz ihres Formenreichtums lassen sich die bis jetzt beschriebenen ca. 5000 Schwammarten hinsichtlich ihres Baues auf ein Grundschema zurückführen. Dieses ist bei den Kalkschwämmen zu finden und stellt einen geraden Schlauch dar, der mit dem geschlossenen Ende der Unter-

---

1) *spóngos* (gr.) Schwamm.
2) *porus* (lat.) Öffnung, *ferre* (lat.) tragen.

lage aufsitzt (Abb. 1). Dem Anheftungspunkt gegenüber ist der Schlauch offen. Außer dieser großen endständigen Öffnung (Osculum) durchbrechen zahlreiche Poren, die verschließbar sind, die Schwammwandung. Durch die Poren tritt das Wasser in den Innenraum, während es durch das Osculum ausströmt. Der Wasserstrom wird von den Kragengeißelzellen erzeugt, die in ihrer Struktur an gewisse Protozoen (Choanoflagellaten) erinnern und Choanocyten genannt werden (Abbildung 2). Sie kleiden den Innenraum (Zentralraum) des Schlauches epithelartig aus und bilden so das G a s t r a l l a g e r der Wandung. An das Gastrallager schließt sich nach außen eine zweite Schicht an, das D e r m a l l a g e r. Dazu gehört unter anderem das Plattenepithel der Schwammoberfläche, dessen Zellen als Pinacocyten bezeichnet werden. Zwischen diesen liegen die Porenzellen (Porocyten), innerhalb derer (intrazellulär) die Poren in Form großer

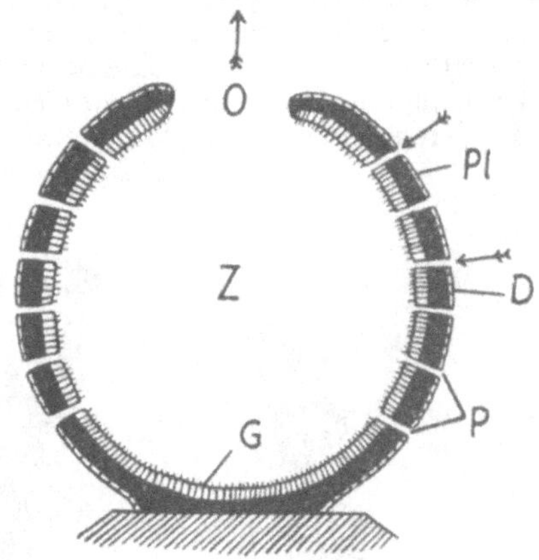

Abb. 1. Schema des *Ascon*typus. D Dermallager, schwarz angelegt; G Gastrallager; O Osculum; P Poren; Pl Plattenepithel; Z Zentralraum. In Anlehnung an K ü k e n t h a l

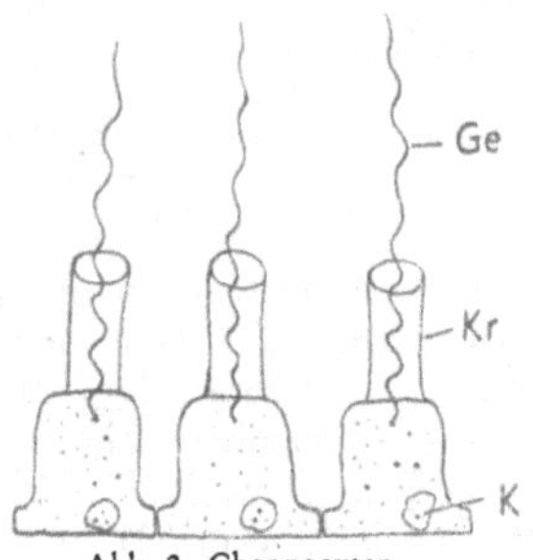

Abb. 2. Choanocyten
Ge Geißel; K Zellkern; Kr Kragen

Vakuolen entstehen, die zwei gegenüberliegende Zellwände durchbrechen.

Die Fähigkeit, epithelartige Verbände zu bilden, fehlt allen anderen Elementen des Dermallagers, nämlich den skelettbildenden Zellen (Sklerocyten), den ebenfalls der Festigung des Organismus dienenden Collencyten, den für die Verdauung wichtigen Wanderzellen (Amöbocyten) und

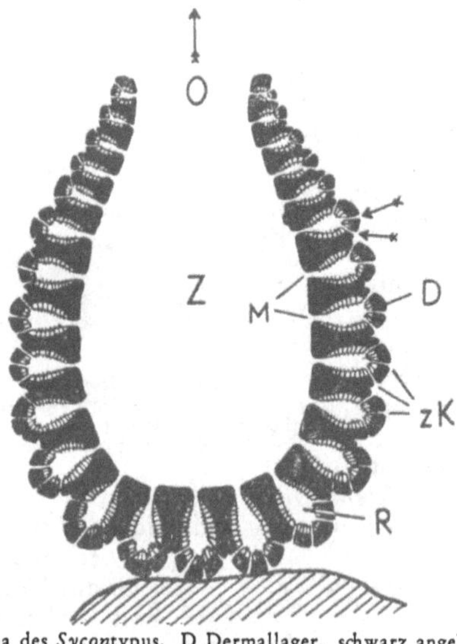

Abb. 3. Schema des *Sycon*typus. D Dermallager, schwarz angelegt; M Mündungen der Radialtuben (R) in den Zentralraum (Z); O Osculum; zK zuführende Kanäle. In Anlehnung an Kükenthal

den der Arterhaltung dienenden Archaeocyten („Urzellen"). Alle diese nicht epithelartig verbundenen Zellen können ihre Lage im Schwammkörper amöbenartig verändern. Die Lücken zwischen ihnen werden von Interzellularsubstanz ausgefüllt.

Das Vorhandensein von Nerven- und Sinneszellen ist noch nicht bewiesen, obwohl das Oberflächenepithel reizempfindlich zu sein scheint. Auch ließen sich bei histologischen Untersuchungen an *Sycon* gewisse Zellen wie die Nervenzellen höher entwickelter Metazoen färben. Ein Muskelsystem fehlt, aber es sind manchmal kontraktile Faserzellen, die Myocyten, zu beobachten.

Nur bei einer geringen Zahl von Schwämmen ist der Aufbau des Organismus so übersichtlich wie bei dem eben

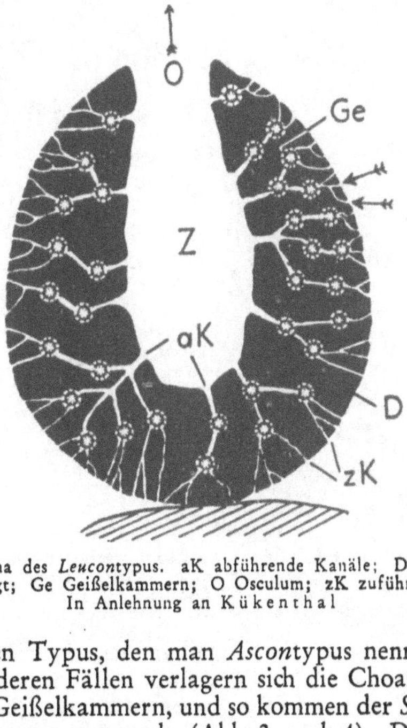

Abb. 4. Schema des *Leucon*typus. aK abführende Kanäle; D Dermallager, schwarz angelegt; Ge Geißelkammern; O Osculum; zK zuführende Kanäle. In Anlehnung an Kükenthal

geschilderten Typus, den man *Ascon*typus nennt. In den meisten anderen Fällen verlagern sich die Choanocyten in besondere Geißelkammern, und so kommen der *Sycon*- und der *Leucon*typus zustande (Abb. 3 und 4). Die Geißelkammern sind Ausstülpungen des Zentralraumes in das Dermallager. Sie stehen bei dem *Sycon*typus noch in direktem Zusammenhang mit dem Zentralraum und werden

Radialtuben genannt. Beim *Leucon*typ hingegen sind sie nur durch Kanäle mit dem Zentralraum verbunden, und ihre Zahl ist stark vermehrt, wodurch die Gesamtoberfläche des Gastrallagers stark vergrößert wird. Auch die Poren erfahren eine Wandlung. Sie liegen bei den Schwämmen vom *Leucon*typ nicht innerhalb der Zellen, sondern zwischen ihnen (interzellulär). Außerdem führen sie meist nicht

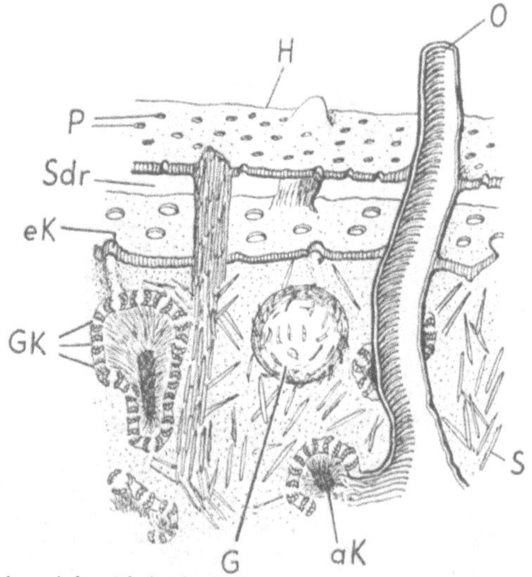

Abb. 5. Schematischer Schnitt durch die Oberflächenregion von *Spongilla lacustris* L. aK ausführender, eK einführender Kanal; G Gemmula; GK Gastralkammer; H Dermalmembran; O Osculum; P Poren; S Skelettnadeln; Sdr Subdermalraum. Nach Arndt

unmittelbar bis an die Geißelkammern heran, sondern in Kanäle oder große Hohlräume, sogenannte Subdermalräume, von denen ein System von Gängen zu den Geißelkammern zieht (Abb. 5).

Die Organisation aller Typen wird dadurch verwischt, daß die meisten Schwämme der höher entwickelten Formen mehrere Zentralräume und Oscula aufweisen. Bisher war kein Kriterium dafür zu finden, ob solche Poriferen noch als ein Einzelindividuum oder als eine durch Knospung entstandene Kolonie definiert werden müssen.

Die weiche Körpermasse der Schwämme erfordert notwendigerweise einen Stützapparat. Dieser kann sich aus mehreren, nach Form und Material verschiedenen Elementen zusammensetzen, so daß er bei der systematischen Gruppierung der *Porifera* zum ausschlaggebenden Faktor wurde. Die Bausteine des Spongienskelettes sind Kalk, Kieselsäure und Spongin.

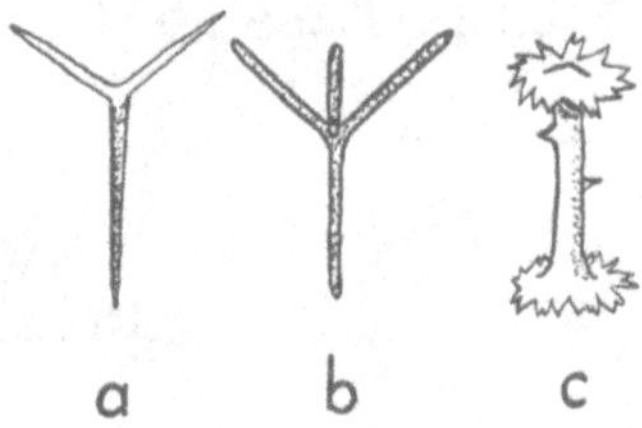

Abb. 6. Skelettnadeln von Schwämmen. a Dreistrahler; b Vierstrahler; c Amphidisc

Der allein bei den *Calcarea* auftretende Kalk bildet immer Nadeln kristallinischen Ursprungs (Spicula), die einachsig, dreistrahlig und vierstrahlig sein können. Dabei entsteht durch verschieden starkes Wachstum der Strahlen und Verschiebung der Ansatzwinkel eine Fülle von Formen (Abb. 6 und 7). Auch die Größe der Spicula variiert sehr und richtet sich nach ihrem Platz innerhalb des Schwammkörpers. An der Außenwand und an den Wänden der Geißelkammern liegen sie in bestimmter Anordnung und Dichte, so daß vom Dermal- und Gastralskelett gesprochen wird. Die Achsen der Dermalspicula überragen häufig die Oberfläche des Schwammes und lassen sie rauh und borstig erscheinen. Regellos verteilte Spicula befinden sich zwischen allen Zellen. Wie schon erwähnt, werden die Spicula von den Skleroblasten erzeugt, einachsige meist von einem einzelnen, mehrachsige von mehreren gemeinsam. Während bei den Kalkschwämmen *(Calcarea)* allein der Kalk das Skelett aufbaut, können bei anderen Ordnungen Kieselsäure und Spongin gleichzeitig an einem Skelett beteiligt sein. Auch die Kieselsäure bildet Spicula. Sie treten als Megasklere („Große Nadeln") und als Mikrosklere

(„Kleine Nadeln") auf. Der wesentliche Unterschied zwischen ihnen besteht jedoch weniger in der Größe als in der Gestalt der Spicula. Bei den Mikroskleren verzweigen sich nämlich die einzelnen Strahlen zu mannigfaltigen Anhängen und bilden so eigenartige Formen (Abb. 7). Mega- und Mikrosklere passen ihre Form der Lage in bestimmten Zonen des Organismus an und stellen demnach auch ein spezielles Dermal- oder Gastralskelett dar. Oft sind sie durch zusätzliche Kieselsäuregebilde miteinander verkittet, z. B. bei den *Triaxonida*. Eine andere Art, die Skeletteile

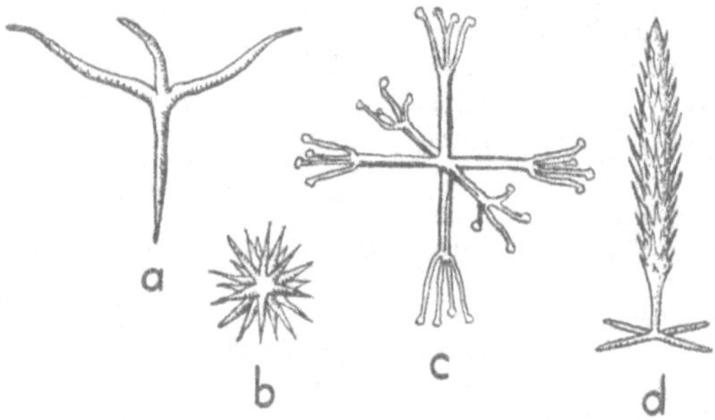

Abb. 7. Skelettstücke von Schwämmen. a und d Megasklere; b und c Mikrosklere. Nach Schulze und Maas

miteinander zu verbinden, findet man bei den *Tetraxonida*. Dort können die Fortsätze der Spicula untereinander verwachsen, gelegentlich tritt zusätzlich Spongin als Kittsubstanz auf. Das Spongin ist eine chemisch der Seide verwandte, hornige Substanz und bildet bei den Hornkieselschwämmen *(Cornacuspongia)* ein Fasernetz. In dieses Netz können Fremdkörper, wie Steinchen, eingebaut sein, außerdem sind meist Kiesel-Spicula vorhanden. Schließlich besitzt die letzte Poriferengruppe Spongingerüste, die nicht netzartig verknüpft, sondern baumartig verzweigt sind *(Dendroceratida)*.

Die Schwämme entnehmen ihre Nahrung dem Wasserstrom, der ihren Körper passiert und dabei filtriert wird. Die Poren gestatten nur kleinen Nahrungsteilchen, wie Detritus und Infusorien, den Eintritt. Schon die größeren Arten unter den Protozoen spielen für die Ernährung keine Rolle und verlassen den Schwammkörper unverdaut. Die Geißeln, deren Bewegung wellenartig von der Basis zur Spitze verläuft, saugen Wasser an, das durch die Poren in das Kanalsystem einströmt und von dort durch Wandlücken in die Geißelkammern hineingelangt. Sehr große Nahrungspartikel erreichen die Kammern nicht, da sie bereits in den zuführenden Kanälen von frei beweglichen Amöbocyten aufgefangen und verdaut werden. Die Mehrzahl der Partikel aber wird in die Geißelkammern hineingesogen, haftet am Kragen oder an der Basis der Choanocyten fest, und wird schließlich von deren Plasma aufgenommen. Von ca. 6 μ langen Choanocyten wird die Nahrung, ohne Veränderung zu erfahren, an Amöbocyten weitergegeben und von diesen wie bei Protozoen intrazellulär verdaut. Über 10 μ große Choanocyten verdauen die Nahrung selbst (z. B. bei *Sycon*). Nach der Nahrungsaufnahme bewegen sich die Amöbocyten lebhaft im Spongienkörper umher und verteilen sich mit der in ihnen enthaltenen Nahrung ziemlich gleichmäßig. Endlich häufen sie sich in der Nähe von ausführenden Kanälen, um in diese ihre Exkrementvakuolen zu entleeren.

Bei *Ephydatia fluviatilis* L. konnte beobachtet werden, daß auch Pinacocyten und Collencyten Nahrung aufnehmen und Verdauungsvakuolen bilden können.

Das filtrierte Wasser wird dann mit außerordentlich starkem Druck durch das Osculum ausgestoßen. Im Versuch vor das Oscularrohr einer *Spongilla*-Art gebrachte Partikel wurden bis zu 25 cm weit vom Schwammkörper fortgeschleudert. Dies ist von Bedeutung für die Entfernung der Exkremente, die auf diese Weise nicht wieder in den Nahrungsstrom gelangen.

Fortpflanzung und Entwicklung

Die Fortpflanzung der gonochoristischen (getrenntgeschlechtlichen) oder hermaphroditischen (zwittrigen) Schwämme geschieht sowohl auf ungeschlechtlichem Wege durch Knospung als auch geschlechtlich durch Eier und Spermien. Meist entstehen durch die Knospung die schon erwähnten riesigen Schwammstöcke, an denen Individuengrenzen kaum festzustellen sind. Es können sich aber auch Brutknospen bilden, die sich ablösen und zu selbständigen Organismen heranwachsen (z. B. *Lophocalix*). In naher Beziehung zu den Brutknospen stehen Fortpflanzungskörper, die bei einigen marinen und bei allen Süßwasserschwämmen vorkommen und bei letzteren als Gemmulae bezeichnet werden (Abb. 8). Diese Fortpflanzungskörper stellen eine Anhäufung von Archaeocyten dar und sind von hüllenbildenden Zellen des Dermallagers sowie von einer Skelettschicht umgeben. Bei den Gemmulae setzt sich das Skelett oft aus einer Schicht von Amphidisken zusammen (vgl. Abb. 6 c und 8). Jeder Amphidisk besteht aus einer Achse, deren beide Enden wie bei den mikroskleren Spicula in büschelige Fortsätze auslaufen. Die Gemmulae und die vielzelligen Fortpflanzungskörper der marinen Poriferen dienen der Arterhaltung während ungünstiger Perioden, bei deren Eintritt der Schwamm abstirbt, während die in ihm lagernden Fortpflanzungskörper beziehungsweise Gemmulae oft im Skelett des alten Schwammes haften bleiben. Nach Beendigung der ungünstigen Zeit (Trockenheit oder Winter) dringen die Archaeocyten aus den Fortpflanzungs-

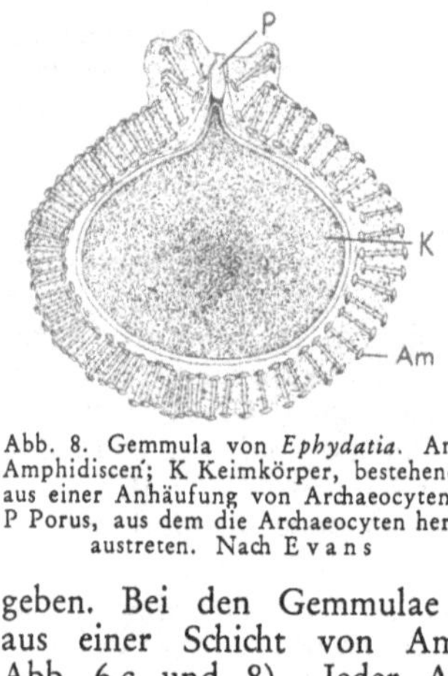

Abb. 8. Gemmula von *Ephydatia*. Am Amphidiscen; K Keimkörper, bestehend aus einer Anhäufung von Archaeocyten; P Porus, aus dem die Archaeocyten heraustreten. Nach Evans

körpern oder Gemmulae hervor. Aus ihnen entstehen Zellen aller Funktionen, und so erwächst ein neuer Schwamm. Die betreffenden Archaeocyten werden ihrer vielfältigen Anlagen wegen als totipotent bezeichnet.

Jedoch erweisen sich nicht alle Archaeocyten des erwachsenen Schwammkörpers als totipotent. Wird *Spongilla* zerrieben, durch Müllergaze gepreßt und die Masse in Wasser aufgefangen, so bildet sich ein neuer Schwamm nur, wenn neben Archaeocyten Choanocyten, Collencyten und Geschlechtszellen unversehrt geblieben waren.

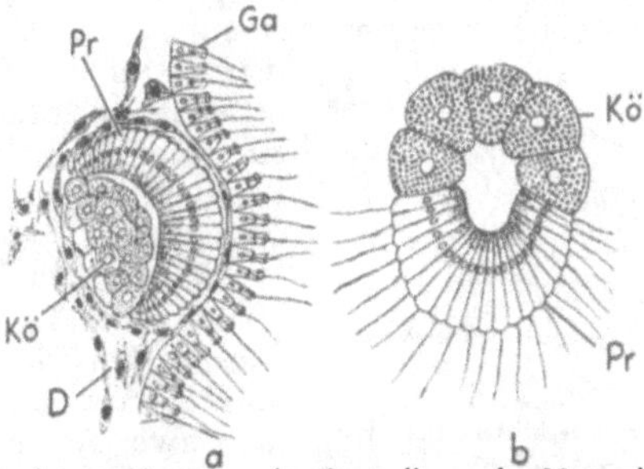

Abb. 9. Blastula von *Sycon*. a im Dermallager des Muttertieres, b freischwimmend. D Dermallager; Ga Gastrallager; Kö körnige Zellen; Pr prismatische Zellen. Nach Korschelt und Heider

Auch die Geschlechtszellen gehen aus Archaeocyten hervor. Bei *Spongilla lacustris* L., *Ephydatia fluviatilis* L. und anderen hat man jedoch nachweisen können, daß die Spermien nicht aus Archaeocyten, sondern aus typischen Choanocyten entstehen. Die Geschlechtszellen liegen entweder diffus im Dermallager verstreut oder lokalisieren sich in der Nähe von ernährenden Geißelkammern, beziehungsweise an der Oberfläche. Die Spermien haben wie die der Metazoen einen verdickten Kopfteil und einen fadenförmigen Schwanz. Die Eier zeichnen sich durch Abrundung und Größe aus, da sie benachbarte Zellen durch amöboides Umfassen in sich aufnehmen. Wahrscheinlich wird bei zwittrigen Schwämmen durch Reifung der männlichen und weiblichen Geschlechtsprodukte zu verschiedenen

Zeiten verhindert, daß die Eier von Spermien desselben Schwammes befruchtet werden. Der Wasserstrom bringt die Spermien benachbarter Schwämme in das Schwamminnere hinein. Dort werden sie von Choanocyten aufgenommen und an die Eier weitergegeben. Nach anderen Beobachtungen sind oft außer den Choanocyten noch Archaeocyten in diese Vermittlung eingeschaltet. Nach der Befruchtung verbleiben die Eier noch im Dermallager des Schwammkörpers. Hier furchen sie sich, wobei die entstehenden Zellen ungleiche oder gleiche (inaequale oder adaequale) Größe untereinander aufweisen. Dann gruppieren sich die Furchungszellen in einschichtiger Lage zu einer Keimblase, der Blastula. Der von den Furchungszellen umkleidete Hohlraum wird Furchungshöhle oder Blastocöl genannt. Bei der Blastula von *Sycon* unterscheidet man zwei Arten von Zellen: wenige große körnige und zahlreiche kleinere prismatische Zellen (Abb. 9).

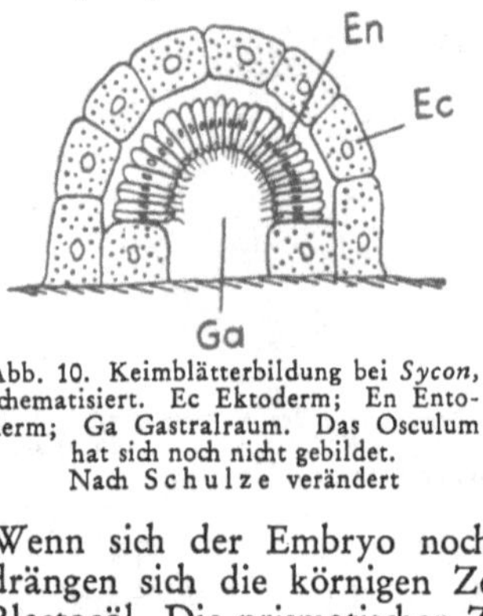

Abb. 10. Keimblätterbildung bei *Sycon*, schematisiert. Ec Ektoderm; En Entoderm; Ga Gastralraum. Das Osculum hat sich noch nicht gebildet. Nach Schulze verändert

Wenn sich der Embryo noch im Dermallager befindet, drängen sich die körnigen Zellen vorübergehend in das Blastocöl. Die prismatischen Zellen bewimpern sich unterdessen, und der Embryo gelangt als sogenannte Amphiblastula in das mütterliche Kanalsystem und von dort ins Freie. Er setzt sich nach kurzer Zeit fest.

Vor und während des Festsetzens erfolgt die Keimblätterbildung, indem sich die Schicht der bewimperten Zellen in das Innere einstülpt (Abb. 10). Damit sind Geißelzellenschicht (Gastrallager) und Dermallager endgültig angelegt. Die Larve setzt sich mit der Einstülpungsöffnung fest, doch schließt sich diese Öffnung bald, worauf sich am entgegengesetzten Pole, an der Spitze des Schwämmchens, das Osculum bildet.

Bei anderen Schwämmen, wie z. B. *Spongilla,* entwickelt sich aus dem befruchteten Ei keine Blastula, sondern eine Larve, deren Inneres mit Furchungszellen angefüllt ist. Sie wird Parenchymula genannt und schwimmt mit Hilfe ihres bewimperten Oberflächenepithels. Dieses Geißelepithel wird aber nicht zum Gastrallager des entstehenden Schwammes, sondern wird phagocytiert.

ÜBERBLICK ÜBER DAS SYSTEM DER SCHWÄMME

II. Stamm: *Spongia, Porifera* Schwämme

1. Ordnung: *Calcarea*[1]), Kalkschwämme

Kleine, marine Tiere von 3—10 cm Länge mit Kalkskelett. Die Spicula sind selten miteinander verwachsen oder verkittet. Die Kalkschwämme kommen meist in Ufernähe in Tiefen bis zu 4 m vor. Koloniebildung häufig.

1. Unterordnung: *Homocoela. Leucosolenia* Bow.

2. Unterordnung: *Heterocoela. Sycon* Risso (Abb. 11); *Leucandra* Haeckel.

2. Ordnung: *Triaxonida*[2]), Kieselschwämme mit dreiachsigen Nadeln

Vorwiegend einzeln lebende Tiere von becherähnlicher Gestalt, deren dreiachsige oder von dieser Form ableitbare Kieselnadeln durch SiO_2 netzartig verbunden sein können. Zwischen Schwammoberfläche und Zentralraum befindet sich nur eine bisweilen gefaltete Schicht von Geißelkammern. Hauptverbreitung in 500 bis 1000 m Tiefe.

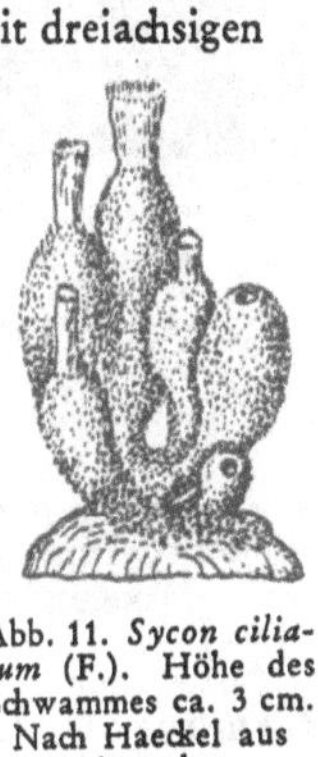

Abb. 11. *Sycon ciliatum* (F.). Höhe des Schwammes ca. 3 cm. Nach Haeckel aus Arndt

Euplectella aspergillum Owen, Gießkannenschwamm, von röhrenförmiger Gestalt ca. 30—60 cm lang (Abb. 12), *Hyalonema* Gray, von pilzförmiger Gestalt. Die Befestigung im Untergrund erfolgt bei

1) *calx* (lat.) Kalk.
2) *treis, tría* (gr.) drei, *áxon* (gr.) Achse.

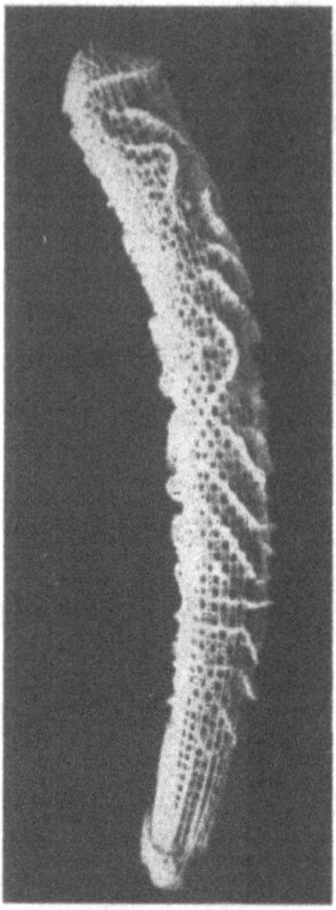

Abb. 12. Skelett des Gießkannenschwammes *Euplectella aspergillum* Owen. Länge 35 cm. Nach Arndt

beiden Gattungen durch besonders große Kieselnadeln, die büschelartig angeordnet sind oder eine feste Achse bilden können.

3. Ordnung: *Tetraxonida*[1]), Kieselschwämme mit ein- oder vierachsigen Megaskleren

Schwämme von massiger Gestalt, mit hoch entwickeltem Kanalsystem. Verbreitung sowohl in Ufernähe als auch in Tiefen bis zu 4000 m.

Oscarella Vosm., *Tethya* Lamarck, *Cliona* Grant, Bohrschwamm, dringt als Larve in Kalkstein, Muschel- oder Schneckenschalen ein und bohrt ein Netz von Kammern im Substrat, die untereinander und mit der Außenwelt durch feine Kanäle in Verbindung stehen (Abb. 13).

4. Ordnung: *Cornacuspongia*[2]), Hornkieselschwämme

Schwämme mit meist formlosem und massigem Körper, so daß Individualität und Symmetrie verwischt sind. Kammersystem hoch entwickelt. Das Skelett besteht aus Spongin und kann durch Kieselspicula oder Sandkörner verstärkt sein.

Euspongia officinalis L., Badeschwamm, mit reinem Sponginskelett. *Hippospongia communis* Lamarck, Pferdeschwamm, Sponginskelett von Sandkörnern, Diatomeen etc. durchsetzt.

Süßwasserschwämme: *Spongilla* Lamarck; *Ephydatia* Lamouroux (Abb. 14).

---

1) *tetra-*, (gr.) vier.

2) *cornu* (lat.) Horn: *acus* (lat.) Nadel.

5. Ordnung: *Dendroceratida*[1]), Baumfaserschwämme

Schwämme mit vorwiegend baumförmig verzweigtem Sponginfaserskelett oder skelettlos. Geißelkammern mit zu- und abführenden Kanälen.

Dendrilla Ldf.

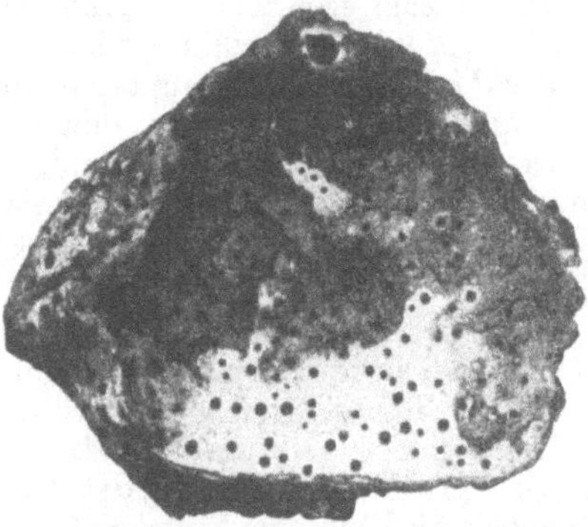

Abb. 13. Eine vom Bohrschwamm *Cliona* durchsetzte Austernschale. Höhe der Schale 7,5 cm. Nach Arndt

Abb. 14. *Ephydatia fluviatilis* (L.). Länge 13 cm. Nach Arndt

3. Division: Eumetazoen *(Eumetazoa)*

3. Stamm: Hohltiere *(Coelenterata)*

1. Unterstamm: Nesseltiere *(Cnidaria)*

2. Unterstamm: Acnidarien *(Acnidaria)*.

3. Division: Eumetazoen *(Eumetazoa)*

Die Eumetazoen (von gr. *eu* echt, gut u. gr. *metá* nach) sind Vielzeller mit ausgeprägten Geweben (Epithelien), die in der Regel zu Organen zusammengefaßt sind. Hierher gehören die meisten Tierstämme.

---

1) *déndron* (gr.) Baum, *kéras* (gr.) Horn.

3. STAMM

HOHLTIERE *(Coelenterata)*

Die *Coelenterata*[1]) oder Hohltiere mit etwa 9000 Arten sind Eumetazoen („echte" Metazoen), die im Gegensatz zu den Parazoen Epithelien, Nerven und Muskeln ausgebildet haben. Der Körperbau der zum großen Teil äußerst farbenprächtigen Tiere ist vorwiegend radiär-symmetrisch, d. h. um die durch den Mund gehende Hauptachse sind gleiche Organe, wie Tentakel oder Gonaden, strahlig oder ringförmig angeordnet. Es gibt sowohl festsitzende als auch freischwimmende Formen. Die Mehrzahl der Cölenteraten ist marin, die Körpergröße variiert zwischen Bruchteilen von Millimetern und 2,25 Meter.

Der einzige Körperhohlraum, der Gastralraum, — der dem Stamm den Namen gab — wird von zwei Epithelschichten, dem Ekto- und dem Entoderm umgeben. Zwischen diesen beiden Epithelien liegt eine zellenlose Stützlamelle. Sie wird bei manchen Gruppen dadurch verdickt, daß Zellen aus den Epithelien (hauptsächlich aus dem Ektoderm) in sie einwandern. Neben der geschlechtlichen herrscht auch die ungeschlechtliche Vermehrung durch Teilung oder Knospung. Kolonie- und Stockbildung sind häufig. Nach ihrer Bewaffnung werden die Cölenteraten in zwei Unterstämme geschieden: *Cnidaria*[2]) (Nesseltiere) und *Acnidaria*. Zu den *Cnidaria* gehören die Klassen der *Hydrozoa*[3]) *Scyphozoa*[4]) und *Anthozoa*[5]), während die *Acnidaria* lediglich aus den *Ctenophora*[6]) bestehen.

---

[1]) *koilon* (gr.) Höhlung, *énteron* (gr.) das Innere, Eingeweide. Darmleibes- oder Gastralhöhle, das Hohlraumsystem im Innern der Cölenteraten.

[2]) *kníde* (gr.) Nessel.

[3]) *Hydra* Name einer Schlange in der griechischen Mythologie, *zóon* (gr.) Tier.

[4]) *skýphos* (gr.) Becher.

[5]) *ánthos* (gr.) Blume.

[6]) *kteis, ktenós* (gr.) Kamm, *phoréo* (gr.) ich trage.

1. Unterstamm:

Cnidaria, Nesseltiere

1. Klasse: *Hydrozoa*

Die *Hydrozoa* umfassen ungefähr 2700 Arten. Sie treten als zwei in enger Beziehung zueinander stehende Habitus-Formen auf, nämlich als Polypen und als Medusen.

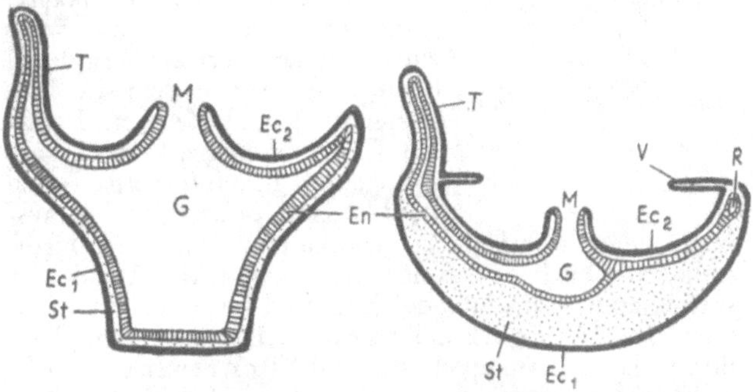

Abb. 15. Schematischer Längsschnitt durch einen Hydropolypen und eine Hydromeduse, die um 180° gedreht ist. Die sich entsprechenden Teile sind durch gleiche Bezeichnungen kenntlich gemacht. Ec_1 Ektoderm der Körperwand des Polypen bzw. der Exumbrella; Ec_2 Ektoderm der Mundscheibe bzw. der Subumbrella; En Entoderm; G Gastralhöhle; M Mund; R Ringkanal; St Stützlamelle bzw. Mesogloea; T Tentakel; V Velum. Nach Hertwig verändert

1. Polyp: Die Polypen sind schlauchförmige Gebilde mit einer am oberen Pol gelegenen Mundöffnung, die sich an der Spitze eines Rohres (Proboscis) befinden kann (vgl. Abb. 15). Mehr oder weniger lange Fangarme (Tentakel) umgeben den Mund. Die Wand des Körpers besteht aus zwei Schichten, dem äußeren Ektoderm und dem inneren Entoderm. Zwischen beiden liegt eine zellenlose Stützlamelle (Abb. 16). Der Polyp sitzt mit der Fußscheibe, einer Verdickung der Körperwand, fest auf der Unterlage. In den Ektodermzellen, insbesondere denen der Tentakel, befinden sich die für den ganzen Unterstamm

charakteristischen Nesselkapseln oder Cniden (Abb. 17). Dies sind eiförmige oder kugelige Kapseln, deren oberes Ende in das Innere eingestülpt ist und dort in einen langen, hohlen Faden übergeht, der aufgerollt in der Kapsel liegt. Der Ansatz des Fadens weist eine Verdickung auf und ist mit spitzen Dornen oder Stiletten besetzt. Die Nesselkapsel explodiert, wenn ein Fremdkörper einen dünnen Fortsatz (Cnidocil) berührt, der neben dem die Einstülpung verschließenden Deckel die Cnide überragt. Der Deckel springt auf, der aufgerollte Faden wird umgestülpt und dabei herausgeschleudert, wobei die Dornen die Haut der Beute durchschlagen. Durch den Faden fließt der giftige Inhalt der Nesselkapsel in die Wunde hinein und führt eine Lähmung oder sogar Tötung des Opfers herbei. Die eben geschilderte Form der Nesselkapsel wird als Penetrant (Durchschlagskapsel) zwei anderen Cnidenformen, den Volventen (Wikkelkapseln) und den Glutinanten (Haftkapseln), gegenübergestellt. Die Volventen zeichnen sich durch einen bedeutend kürzeren Faden aus, der die Haut der Beute nicht durchdringt, vielmehr nur deren Borsten umwindet und so ein Entweichen des Tieres verhindert. Die Glutinanten dienen mit ihrem klebrigen Se-

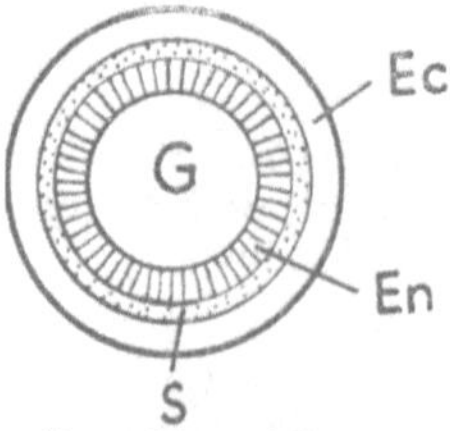

Abb. 16. Schematischer Querschnitt durch einen Hydropolypen. Ec Ektoderm; En Entoderm; G Gastralhöhle; S Stützlamelle. Nach Kükenthal

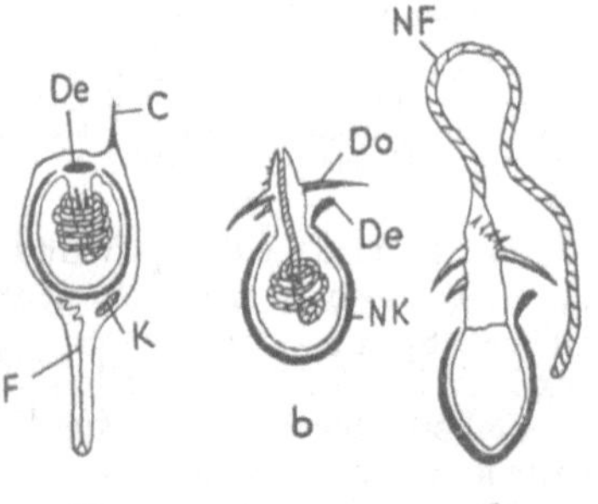

Abb. 17. Schematischer Längsschnitt durch Cniden. a Nesselzelle, b und c Entladung einer Nesselkapsel von Hydra. C Cnidocil; De Deckel; Do Dornen; F Fibrillen; K Kern; NF Nesselfaden; NK Nesselkapsel. Nach Kühn und Schulze

kret nicht dem Beutefang, sondern der Lokomotion, einer spannerartigen Fortbewegung, die man bei dem Süßwasserpolyp der Gattung *Hydra* beobachtet hat.

Die Cniden entstehen nicht in den Tentakeln, sondern im Ektoderm der Körperwand. Dort befinden sich zwischen den Epithelzellen sogenannte interstitielle Zellen, die außer Cniden auch Geschlechtszellen und Zellen anderer Gewebe bilden können. Bei *Hydra* wandern die Bildungszellen mit den in ihrem Inneren heranwachsenden Cniden durch Stützlamelle und Entoderm in den Gastralraum und von dort in die Tentakel. Hier dringen sie wiederum in das Ektoderm vor, und zwar in dessen Zellen hinein. Meist sind die Ektodermzellen der Tentakel sogar mit mehreren Cniden verschiedener Art ausgestattet.

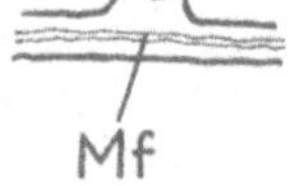

Abb. 18. Schema einer Epithelmuskelzelle, die einen basalen Muskelfortsatz (Mf) aufweist

Wie alle Hydrozoen sind die Polypen mit Epithelmuskelzellen versehen (Abb. 18), die ihnen große Beweglichkeit ermöglichen. Die Kontraktion des Körpers geht durch die Längsmuskelzellen des Ektoderms vonstatten, die Streckung durch die im Entoderm befindliche Ringmuskulatur. Die Hydropolypen besitzen ein diffuses Nervensystem, das allen Cölenteraten zu eigen ist. Die Nervenzellen (Neuronen) sind meist gleichmäßig und mehr oder weniger dicht über den ganzen Körper verstreut und zu einem Netz verknüpft. In das Nervennetz sind sowohl Sinneszellen als auch die Muskeln innervierende Neuronen einbezogen. Wird eine Sinneszelle gereizt, so verbreitet sich die Erregung im Nervennetz nach allen Seiten und nimmt dabei an Stärke ab (Dekrement). Auf diese Weise fließt also den der gereizten Stelle am nächsten gelegenen Muskeln die intensivste Nervenerregung zu. Die Hydropolypen sind gegenüber chemischen, Berührungs-, Licht- und Schwerereizen empfindlich.

Die Hydrozoen ergreifen ihre Nahrung, die aus Infusorien, Insektenlarven, kleinen Krebsen, Würmern usw. besteht, mit den Tentakeln, die die Umgebung des Tieres nach Beute abtasten. Falls die Polypen ein Mundrohr (Proboscis) aufweisen, biegt sich dieses der Nahrung entgegen. Die Lähmung oder das Abtöten des Beutetieres erfolgen durch die schon erwähnte Funktion der Nesselkapseln. Das Opfer wird im ganzen hinabgewürgt, nachdem manchmal durch die Cnidensäfte bereits eine Vorverdauung stattgefunden hat.

Die Polypen, wie z. B. *Hydra*, verschlucken oft sehr große Beutetiere, was durch das beträchtliche Ausdehnungs-

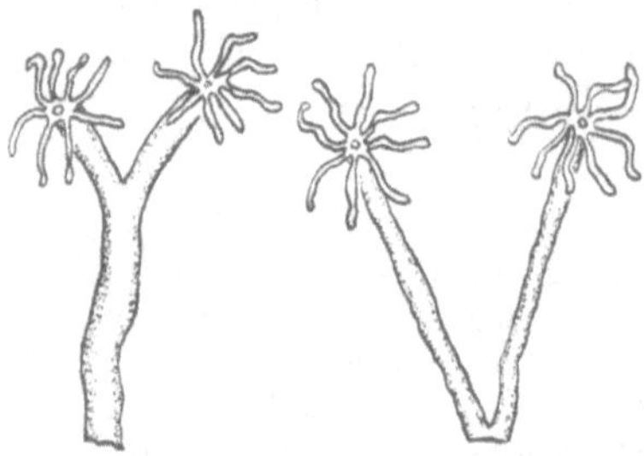

Abb. 19. Längsteilung bei *Chlorohydra* P. S. Nach Leiber verändert

vermögen der Körperwand ermöglicht wird. Bei *Hydra* erhöht sich dann der Körperumfang zuungunsten der Körperlänge auf das Zwei- bis Dreifache, während die Tentakel zu Stummeln verkürzt werden. Die Wand des Gastralraumes, das Entoderm, ist mit zwei Arten von Zellen ausgestattet, den Drüsen- und den Absorptionszellen. Die Drüsenzellen, die in der Minderzahl sind, scheiden Verdauungssäfte in den Gastralraum hinein ab. Durch sie wird die Nahrung in Brocken zerlegt. Die Absorptionszellen nehmen sodann die Brocken amöboid auf und verdauen sie nach Art der Protozoen in ihrem Innern völlig. Dieser intrazellulären Verdauung stellt man die vorangegangene Vorverdauung als extrazellulär gegenüber. Die Weitergabe der Nährstoffe in den Geweben geht von Zelle zu Zelle vor sich. Unverdautes wird durch den Mund wieder ausgestoßen.

Die Hydropolypen vermehren sich alle ungeschlechtlich und nur sehr wenige auch geschlechtlich. Die wichtigste Form der ungeschlechtlichen Fortpflanzung ist die Knospung. Von den *Hydridae* sind außerdem noch einfache Teilungsvorgänge in der Längs- oder Querrichtung zur Hauptachse der Polypen bekannt (Abb. 19). Andere *Hydroidea* schnüren von den Stolonen oder Seitenzweigen (z. B. *Campanularia*) Teilstücke, sogenannte Frusteln, ab, die zu einem neuen Polypen heranwachsen. Bei der Knospung findet an einer Stelle der Körperwand eine außerordentliche Vermehrung der Zellen aller Wandschichten statt, so daß sich eine blasenartige Vorwölbung bildet, aus der sowohl neue Polypen (Polypenknospen) als auch Medusen (Medusenknospen) [siehe Metagenese S. 33] entstehen können. Die Polypenknospen einzeln lebender Polypen, z. B. *Hydridae*, lösen sich vom Muttertier ab, während sie bei den stockbildenden *Hydroidea* mit ihm in Verbindung bleiben.

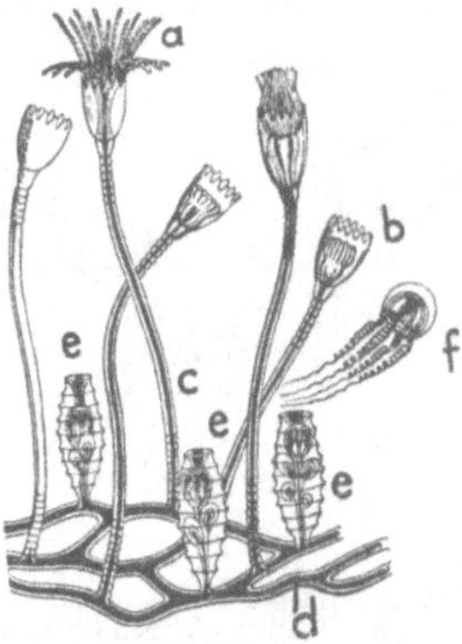

Abb. 20. Teil einer Kolonie von *Campanularia johnstoni* Alder. a Hydranth; b Hydranth in die Hydrotheca zurückgezogen; c Hydrocaulus; D Stolonen; e Blastostyle; f abgelöste Meduse. Nach Allman

Ausgangspunkt eines Stockes ist ein sogenannter Mutterpolyp, der Stolonen (= Ausläufer) entsendet, an denen die neuen Polypen (Hydranthen) entstehen (Abb. 20). Die Stolonen stellen Röhren dar, die vom Ekto- und Entoderm gebildet werden und gewöhnlich an den drüsenreichen Fußscheiben der Polypen ansetzen. Bei vielen Stöcken ist der Hydranth durch einen in der Länge variierenden Stiel, den Hydrocaulus, mit den Stolonen verbunden. Nach der Anheftungsstelle der Einzelpolypen sind verschiedene Kolonietypen zu unterscheiden. Man spricht von einer kriechenden Kolonie, wenn die Hydranthen, mit oder ohne Hydrocaulus, nur an den Stolonen knospen. Auch ein aufrechter Kolonietypus kann aus Stolonenverzweigung entstehen, wenn sich diese von der Unterlage lösen und in die Höhe richten, wobei die Knospung wie bei den kriechenden Kolonien völlig regellos vor sich geht. Man bezeichnet dieses aufrechte Stolonengeflecht als Rhizocaulom.

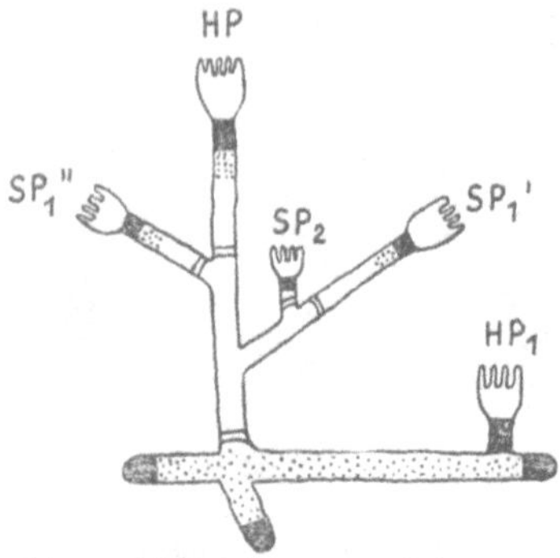

Abb. 21. Schema der monopodialen Verzweigung. Wachstumszonen schwarz, Knospungszonen punktiert. HP und HP1 Hauptpolypen; SP1 Seitenpolypen 1. Ordnung. SP2 Seitenpolypen 2. Ordnung. Nach Kühn verändert

Streng gesetzmäßig wird die Knospung, wenn auf den Stolonen statt vieler Einzelpolypen wenige stehen, deren Hydrocaulus einen Ausgangspunkt neuer Knospung bildet. Dabei wird jeder einem Stolo entspringende Polyp zu einem aufrechten verästelten Gebilde. Nach der Art seiner Verzweigung unterscheidet man zwei Typen.

Bei dem monopodialen Verzweigungstypus ist am Stiel unmittelbar unter dem Hauptpolypen eine Streckungs- und eine darunterliegende Knospungszone vorhanden. Die Knospungszone treibt ständig neue Seitenpolypen, während die Streckungszone gleichzeitig den Hauptstiel verlängert. Die Seitenpolypen (1. Ordnung) vermögen auf die gleiche Weise Seitenpolypen (2. Ordnung) hervorzubringen (Abb. 21).

Der sympodiale Verzweigungstypus hat an Stelle eines Hauptpolypen eine regelmäßige Folge von Polypen, von denen einer aus dem anderen entspringt und so die

Stockachse ständig verlängert. Streckungszonen fehlen gänzlich (Abb. 22).

Festigkeit und Elastizität erhalten die Stolonen und Hydrocauli durch eine chitinähnliche Abscheidung ihres Ektoderms, das Periderm. Ein Teil der *Hydroidea* scheidet auch um die Polypenknospen herum eine Hülle gleicher Beschaffenheit ab, die den ausgewachsenen Polypen in mehr oder weniger weitem Abstand umgibt und Hydrotheca genannt wird (Abb. 23). Meist kann sich der Polyp in die Hydrotheca zurückziehen.

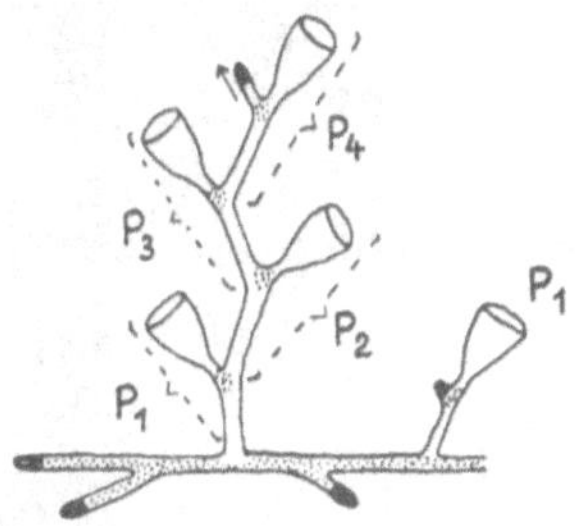

Abb. 22. Schema der sympodialen, unverästelten Verzweigung. Wachstumszonen schwarz, Knospungszonen punktiert. Die Stockachse wird gebildet von den aus einander sprossenden Polypen P1—P4. Nach Kühn verändert

An manchen Stöcken läßt sich beobachten, daß die einzelnen Polypen nicht mehr das Aussehen und den Charakter der schon beschriebenen Grundform besitzen. Das Stockleben hat nämlich eine Arbeitsteilung herbeigeführt, und die einzelnen Hydranthen haben spezielle Funktionen übernommen. Man findet dann Wehr-, Freß- und Fortpflanzungsindividuen. Die Wehrpolypen weisen eine besonders große Anhäufung von Nesselzellen auf, es fehlen ihnen Mund und Tentakel, und sie dienen nur noch der Verteidigung bzw. dem Beutefang. Freßpolypen dagegen stehen lediglich im Dienst der Nahrungsaufnahme. Die von ihnen extrazellulär vorverdaute Nahrung wird über die Stolonen an alle übrigen Teile der Kolonie abgegeben und dort intrazellulär verarbeitet. Die Funktion der Fortpflanzungsindividuen oder Blastostyle wird bei der Metagenese (siehe S. 33) beschrieben.

Die Polypen sind im Fall von Verstümmelungen außerordentlich regenerationsfähig. An Tieren der Gattung *Hydra* hat man festgestellt, daß sich selbst Stücke des Rumpfes von nur 0,2 mm Durchmesser zu Polypen vervollständigen können.

2. Meduse: Der Bau der freischwimmenden Meduse, der zweiten Erscheinungsform der *Hydrozoa*, läßt sich aus dem Polypen ableiten, wenn man annimmt, daß sich die Körperachse der Meduse gegenüber der des Polypen

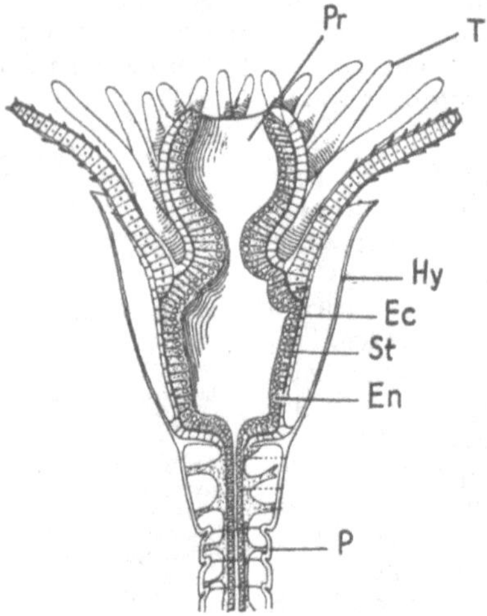

Abb. 23. Schematischer Längsschnitt durch *Laomedea geniculata* L. En Entoderm; Ec Ektoderm; Hy Hydrotheca; P Periderm; Pr Proboscis; S Stützlamelle; T Tentakel. Nach Hertwig

um 180 Grad gedreht hat (Abb. 15). Die Fußscheibe des Polypen entspricht dann der konvexen Schirmaußenseite (Exumbrella), die Mundscheibe der konkaven Schirmunterseite (Subumbrella). Der Körper aber ist in der Hauptachse stark zusammengedrückt, seine Stützlamelle gallertig und wesentlich verdickt und der Gastralraum bedeutend verringert. Der Mund sitzt auf einem Mundrohr, der Schirmrand trägt mit Cniden ausgestattete Tentakel, in die häufig die Radiärkanäle des Entoderms eintreten. Ferner ist eine ektodermale Duplikatur des Schirmrandes, die senkrecht zur Hauptachse der Meduse steht, das Velum (Abb. 15), mehr oder weniger breit ausgebildet und kann die Öffnung des Subumbrellaraumes wie eine Ringblende verkleinern, da es wie der Schirmrand mit kräftigen Ringmuskeln versehen ist, zu denen sich die Epithelmuskeln vereinigt haben. Das Velum dient zusammen mit der Subumbrella der Fortbewegung. Die Glocke stößt nämlich durch rhythmische Kontraktionen das Wasser aus, während sich

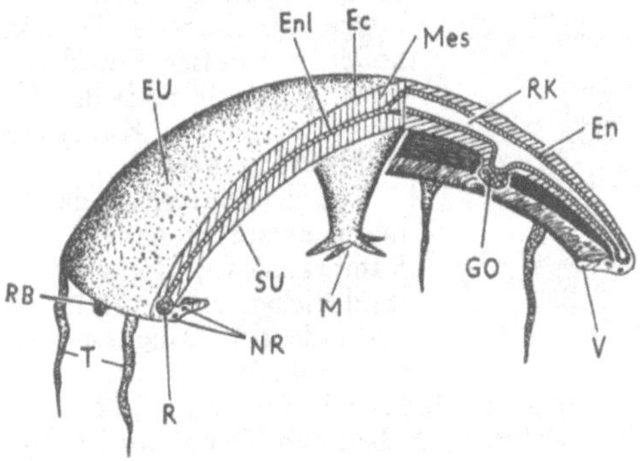

Abb. 24. Schematische Darstellung einer Hydromeduse mit zum Teil entferntem Schirm. Ec Ektoderm; En Entoderm; Enl Entodermlamelle; EU Exumbrella; GO Gonaden; M Mund; Mes Mesogloea; NR Nervenringe am Velum; R Ringkanal; RB Sinnesbläschen (Statocyste); RK Radiärkanal; SU Subumbrella; T Tentakel; V Velum

gleichzeitig das Velum verengt, wodurch die Ausströmungsgeschwindigkeit vergrößert wird. Der entstehende Rückstoß drückt die Meduse mit der Schirmoberseite voran durch das Wasser. Doch befördert diese Eigenbewegung das Tier nur über sehr kleine Strecken. Für das Durchwandern größerer Räume haben allein die Wasserströmungen Bedeutung.

Da der Glockenrand die Sinnesorgane der Meduse trägt, sind dort auch Nerven konzentriert (Abb. 24). Sie bilden zwei Ringe und stehen mit dem subumbrellaren Nervennetz in Verbindung. Der Lichtaufnahme dienen Ocellen, mit Pigment versehene einfache Anhäufungen von Sinneszellen. Bei manchen Medusen treten außerdem statische Organe, die Statocysten, auf (Abb. 25). Diese bestehen aus einem Kalkkörper (Statolith), der, von Sinneszellen umgeben, in einer grubenartigen Vertiefung oder in einem Bläschen am Velum liegt. Bei den Leptomedusen ruht der Statolith innerhalb der Vakuole einer Epithelzelle, während er sich bei den Trachylinen am Ende eines Pendels (verkürzter Tentakel) befindet, von dessen Entoderm er gebildet wird. Je nach der Lage der Meduse reizt der Kalkkörper benachbarte Sinneszellen.

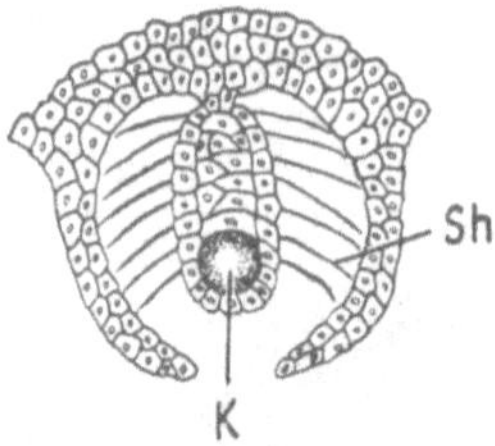

Abb. 25. Schema einer Statocyste. K Kalkkörper; Sh Sinneshaare. Nach Hertwig

Von der Peripherie des Gastralraums entspringt eine Anzahl von Radiärkanälen, die zum Schirmrand ziehen und dort in einen sie verbindenden Ringkanal einmünden (Abb. 24).

Die Nahrung der Medusen ist im wesentlichen die gleiche wie die der Polypen. Neben den Tentakeln ist der Mund der Medusen unmittelbar am Aufgreifen der Beute beteiligt. Auch die Verdauung der Medusen ist in einen extra- und einen intrazellulären Prozeß geschieden. Ein Teil der extrazellulär vorverdauten Nahrung wird in das Kanalsystem befördert. Die intrazelluläre Verdauung und die Resorption finden dann sowohl im Mundrohr und im Zentralmagen als auch im Kanalsystem statt.

Die ungeschlechtliche Fortpflanzung durch Knospung ist bei den Medusen nicht so häufig wie bei den Polypen. Sie findet am Mundrohr oder am Schirmrand statt (Abb. 26) und führt stets zur Bildung neuer, einzeln lebender Medusen (eine Ausnahme). Längsteilung ist nur bei einzelnen Arten anzutreffen, während Querteilung wahrscheinlich fehlt. Dagegen pflanzen sich alle Medusen geschlechtlich fort. Sie erzeugen entweder nur Eier oder nur Spermien. Die Geschlechtszellen entstehen aus indifferenten Zellen und wachsen im Ektoderm heran. Aus dem befruchteten Ei entsteht gewöhnlich nach total adaequaler Furchung eine bewimperte Blastula, die Planulalarve (Abb. 27a). Sie schwimmt eine Zeitlang frei umher, und zwar um so länger, je kürzer sie im mütterlichen Körper verweilt hat. Dann entwickelt sich aus der Planula bei den *Hydrozoa* ein Polyp, bei den meisten *Trachylina* dagegen eine Meduse. Verschiedene Arten verkürzen das Planulastadium, in dem sie noch während des Umherschwimmens Polypenmerkmale ausbilden und so zu einer Actinula werden (Abb. 27 b).

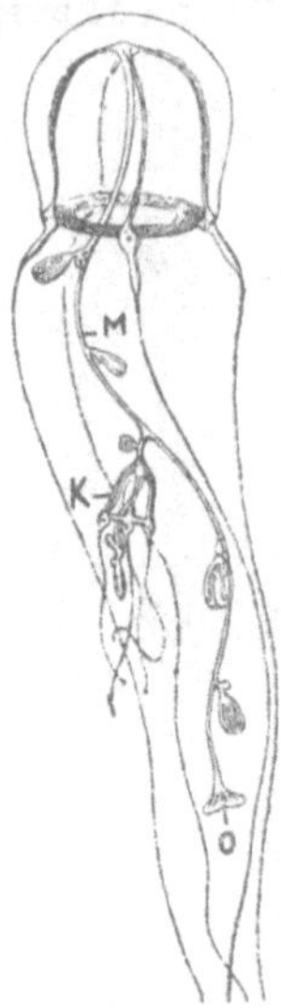

Abb. 26. *Sarsia gemmifera* Forbes, die an ihrem langen Magenstiel (M) durch Knospung neue Medusen (K) erzeugt. O Mundöffnung. Nach Chun

Metagenese: Charakteristisch für die Metagenese der *Hydrozoa* ist die Erzeugung von Medusen auf ungeschlechtlichem Wege durch Knospung am Polypen. Diese Medusen stellen die Geschlechtsgeneration dar, die Eier und Spermien hervorbringt, aus deren Vereinigung wiederum neue Polypen entstehen. Bei einigen Arten kann die Metagenese unterdrückt sein. So erzeugen einerseits einige Vertreter der *Hydroidea*, die nur als Einzelpolypen auftreten (z. B. *Hydra)*, unmittelbar Eier und Spermien. Andererseits entstehen aus den Eiern der meist als Medusen auftretenden *Trachylina* ohne Generationswechsel direkt wieder junge Medusen.

In der Regel tritt die Metagenese also nur bei den stockbildenden *Hydroidea* auf. An ihren Stöcken knospen neben Polypen ständig Medusen, oft an besonders gestalteten Polypen, den Blastostylen, die, ihrer Aufgabe entsprechend, häufig Polypenmerkmale wie Mund, Tentakel usw. vermissen lassen. Nur bei dem geringeren Anteil von

Hydroidea-Arten bilden die knospenden Medusen alle Organisationsmerkmale aus. Sie lösen sich vom Stock und schwimmen über eine längere Zeit hinweg frei umher. Schon den Medusen von *Millepora* und *Plumularia* fehlen Velum, Mund und ausgebildete Tentakel, und sie können nur kurze

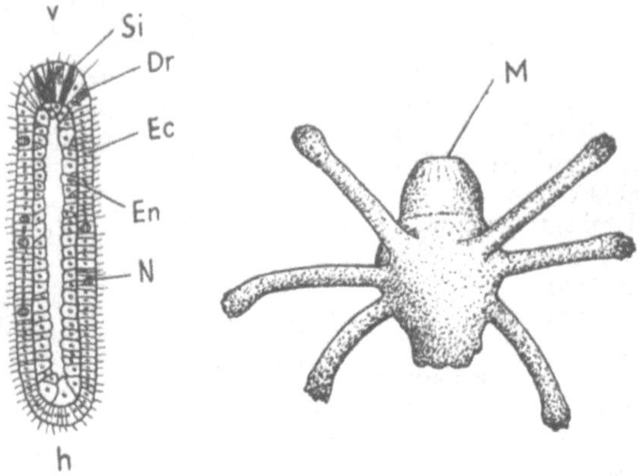

a b

Abb. 27. Larvenstadien von Cölenteraten. a Planula. Dr Drüsenzellen; Ec Ektoderm; En Entoderm; N Nesselkapseln; Si Sinneszellen; v und h vorn und hinten; b Actinula; M Mund. Aus Korschelt und Heider

Zeit selbständig leben. Noch stärker sind die Medusen der meisten *Hydrozoa* in der Ausbildung gehemmt. Sie lösen sich dementsprechend nicht vom Mutterpolypen, bleiben als sessile Gonophoren (Sporosacs) gänzlich an den Stöcken und sind in ihrem Körperbau oft bis zur Unkenntlichkeit reduziert. Manche Gonophoren stellen nur noch Schläuche dar, zwischen deren Ekto- und Entoderm die Geschlechtszellen liegen. Durch Platzen der Körperwand gelangen ihre ektodermalen Geschlechtsprodukte in das freie Wasser, wo meistens die Befruchtung stattfindet. Doch können Spermien auch in die Gonophoren eindringen, die dann als Bruträume dienen und erst von den mehr oder weniger weit entwickelten Larven verlassen werden. Die Larven wandeln sich schließlich in einen Polypen um.

1. Ordnung: *Hydroidea*

Fast immer Wechsel zwischen Polypen- und Medusengeneration, doch kann durch Fortfall der einen oder anderen Generation die Metagenese unterbunden werden. Die Polypen treten meist in Form von Stöcken auf. Die Medusen besitzen ektodermale Statocysten oder Augenflecke.

1. Unterordnung: *Athecatae-Anthomedusae*

Das Periderm bedeckt im Gegensatz zu den übrigen Teilen der Stöcke nie die Polypenköpfe. Die selbständigen Medusen besitzen nur Augenflecke, und ihre Gonaden wachsen in der Wand des Magenrohres heran.

Polypen. Section *Simplicia.* Bilden nie Stöcke, es tritt kein Generationswechsel auf. Fam. *Hydridae. Hydra* L., *Pelmatohydra* P. S. und *Chlorohydra* P. S. sind unsere bekannten Süßwasserpolypen, Einzeltiere, die sich ungeschlechtlich durch Knospung, Längs- oder Querteilung sowie geschlechtlich durch Eier und Spermien vermehren können (Abb. 27). Häufig sind Tiere zu beobachten, die gleichzeitig Polypenknospen und reifende Eier oder Spermien zeigen. *Chlorohydra* beherbergt in ihrem Körper Algen, die ihr wahrscheinlich auf bisher ungeklärte Weise Nahrung liefern. Die Algen werden durch die Eier an die Nachkommen weitergegeben.

Section *Capitata.* Die Polypen bilden stets Kolonien. Die Tiere besitzen an den Enden der Tentakel knopfförmige, mit Cniden dicht besetzte Anschwellungen, die manchmal während der Reife zurückgebildet werden.

Fam. *Pennariidae,* Fam. *Corynidae,* Fam. *Tubulariidae. Tubularia* L. hat bis 1 cm große Hydranthen. *Pelagohydra mirabilis* Dendy lebt pelagisch.

Fam. *Milleporidae.* Die Tiere besitzen ein von den Stolonen ausgeschiedenes Kalkskelett, wodurch die Stöcke große Ähnlichkeit mit den Steinkorallen aufweisen, von denen sie jedoch ihr Nesselvermögen unterscheidet. *Millepora* L.

Section *Filifera*. Die Tentakel sind nie geknöpft, sondern von Jugend an fadenförmig. Fam. *Clavidae*. *Cordylophora caspia* Pallas hat Stöcke in Form von 4—9 cm hohen Bäumchen. *Hydractinia echinata* Flem., mit polymorphen Polypen, lebt häufig in Symbiose mit Einsiedlerkrebsen, die leere Schneckenschalen bewohnen. Die Hydractinienstöcke haften von außen der Schale an.

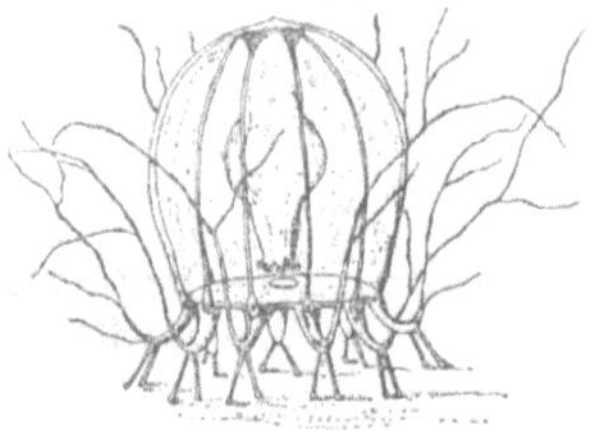

Abb. 28. *Cladonema radiatum* Dujardin, stelzt auf den gegabelten Tentakeln.
Nach Hincks aus Broch

Fam. *Stylasteridae*. Wie die Milleporiden mit Kalkskelett.

Medusen. Fam. *Codonidae*, erzeugt von den Polypenfamilien *Corynidae*, *Pennariidae*, *Tubulariidae*. Ohne Mundtentakel.

Fam. *Cladonemidae*, erzeugt von den *Corynidae*. Mit Mundtentakeln. *Cladonema radiatum* Quatrefages mit steifer Glocke, stelzt auf den Tentakeln (Abb. 28).

2. Unterordnung: *Thecaphorae-Leptomedusae*.

Auch die Hydranthen der Polypenstöcke sind vom Periderm überzogen. Die Geschlechtszellen der frei schwimmenden Medusen sitzen an den Radiärkanälen. Statische Organe sind bei den Leptomedusen häufig.

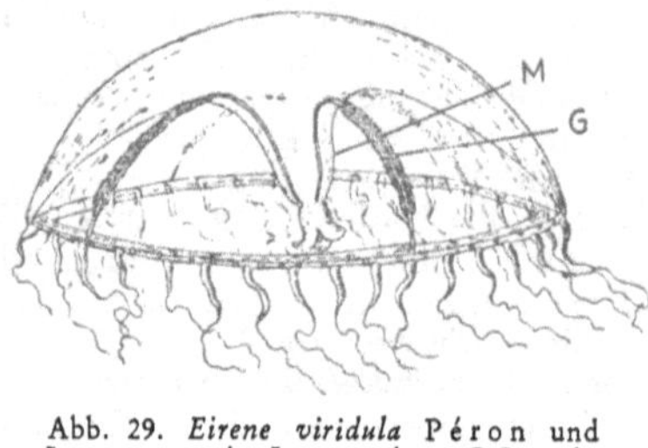

Abb. 29. *Eirene viridula* Péron und Lesueur, eine Leptomeduse. G Gonaden; M Magenstiel.
Nach Haeckel aus Broch

Polypen. Fam. *Campanulariidae*. *Campanularia* Lamk., bildet bis 15 cm hohe Kolonien.

Fam. *Sertulariidae*. *Sertularia* L. S., mit Deckeln an den die Hydranthen umgebenden Peridermhüllen.

Fam. *Campanulinidae*. Hydrotheca oft röhrenförmig und mit Deckelapparat.

Fam. *Plumulariidae*. *Plumularia* Lamk., mit bis zu 50 cm hohen Stöcken.

Medusen (Abb. 29). Fam. *Eucopidae*, erzeugt von den *Campanulariidae* und den *Campanulinidae*. *Obelia* Pér. und Les., ohne Velum.

Fam. *Aequoridae*. Mit bis zu 400 Radiärkanälen. *Aequorea forskalea* Pér. und Les.

2. Ordnung: *Trachylina*

Die *Trachylina*[1]) treten mit wenigen Ausnahmen nur als Medusen auf, die im Bau denen der *Hydroidea* sehr ähnlich sind. Das Velum ist mit zahlreichen Statocysten besetzt und hängt im Ruhezustand oft senkrecht herab. Die Schwerekörper selbst sind entodermale Bildungen, die Gruben oder Bläschen, in denen sie ruhen, wahrscheinlich umgewandelte Tentakel. Das Kanalsystem ist vielfach verkümmert, vereinzelt sogar ganz reduziert.

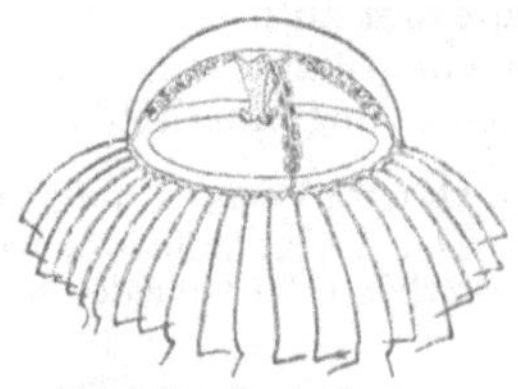

Abb. 30. *Gonionemus murbachi* Mayer. Nach Mayer aus Broch

Über Beutefang und Ernährung ist nur von einzelnen Arten etwas bekannt. Während alle übrigen Trachymedusen pelagisch leben, können sich Vertreter von zwei Familien am Boden aufhalten. In solchen Fällen sind mit Haftballen versehene Tentakel vorhanden. *Gonionemus* z. B. läßt sich von der Oberfläche des Wassers her mit nach oben gewendeter Subumbrella und ausgebreiteten Tentakeln absinken, wobei das Wasser abgefischt wird (Abb. 30). Tagsüber sitzt das Tier an schattigen Stellen, ebenfalls um 180 Grad gedreht.

Bei den Trachylinen kommt nicht selten Knospung vor. Die Tochtermedusen entstehen am Schirmrand, an den Radiärkanälen oder am Magenstiel. Wie die *Hydroidea* sind die Trachylinen getrenntgeschlechtlich. Die Geschlechtszellen liegen im Ektoderm. Die Furchung des befruchteten Eies führt zur Bildung einer Planulalarve. An dieser for-

---

1) *trachýs* (gr.) rauh; *línon* (gr.) Flachs, Leinen, s. l. Segel. So genannt wegen des auffällig derben Velums.

men sich zunächst die Mundöffnung und die ersten Tentakel, so daß ein Actinula-Stadium ausgeprägt wird. Die Actinula geht dann durch Bildung weiterer Tentakel, des Velums und der Statocysten allmählich in den Zustand der Meduse über. Bei einer parasitisch lebenden Art *(Cunoctantha)* tritt während der Entwicklung ein polypenähnliches Stadium auf. Dieses Individuum erzeugt durch Knospung Medusen und wandelt sich selbst in eine Meduse um. Von einer Metagenese läßt sich also in diesem Fall nicht sprechen. Bei *Craspedacusta* Lankaster und *Gonionemus* Agassiz dagegen stellt der Polyp eine eigene Generation dar, die sich auch durch Polypenknospen und Querteilung vermehren kann. An einem Polypen entsteht schließlich durch Knospung eine Medusengeneration.

1. Unterordnung: *Trachymedusae.*

Der Schirmrand ist ungeteilt und mit zahlreichen Tentakeln versehen. Die Gonaden befinden sich an den Radiärkanälen.

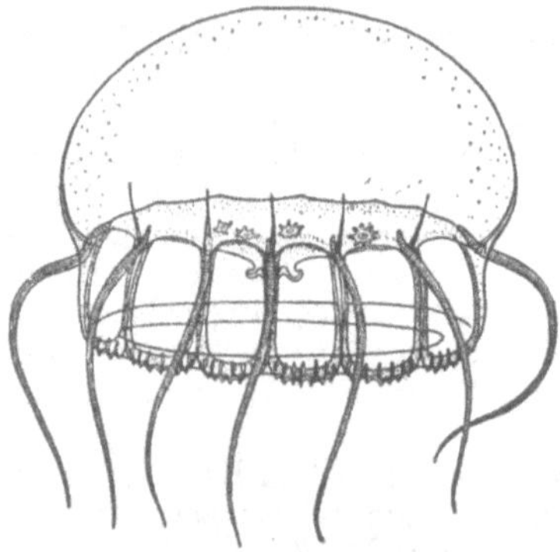

Abb. 31. *Cunina prolifera* Gegenbaur, eine Narcomeduse. Reifes Tier von der Seite gesehen. Nach Mayer aus Broch

Fam. *Olindiidae.* Magen ohne Mundstiel. *Gonionemus* Agassiz. *Craspedacusta sowerbyi* Lankaster, im Süßwasser.

Fam. *Trachynemidae. Rhopalonema* Gegenbaur.

2. Unterordnung: *Narcomedusae.*

Die Randtentakel sind auf die Schirmoberseite gerückt, bleiben mit dem Rande aber durch Spangen verbunden. Der Rand wird dadurch lappig. Die Gonaden liegen in der Magenwand im Bereich der Subumbrella.

Fam. *Cuniidae. Cunina* Eschholtz (Abb. 31). *Cunoctantha* Haeckel. Larven parasitieren zum Teil an Hydromedusen.

3. Ordnung: *Siphonophora*, Staatsquallen

Die rein marine Ordnung der *Siphonophora*[1]) oder Staatsquallen vereinigt eine Anzahl ausschließlich planktisch lebender *Hydrozoa*, die durch ihre Farbenpracht, ihr Leuchtvermögen und ihren komplizierten Bau die übrigen Ordnungen des Stammes übertreffen und sowohl an der Wasseroberfläche als auch in größeren Tiefen vorkommen. Jede Staatsqualle stellt ein System von höchst spezialisierten Individuen dar, deren ursprünglicher Charakter als Meduse oder Polyp nur schwer eindeutig zu bestimmen ist. Daher wurden die Siphonophoren von den einzelnen Forschern sehr verschieden abgeleitet. Haeckel hält sie für Kolonien von Medusen, während Moser in einer Siphonophore ein einziges Tier, nämlich eine Meduse mit vielen Organen, erblickte. Mit unserer Kenntnis der übrigen *Hydrozoa* läßt sich jedoch am besten die Ansicht von Chun und Leuckart in Einklang bringen, daß die Siphonophoren Stöcken von Hydropolypen mit daran knospenden Medusen entsprechen, die schwimmende Lebensweise angenommen und sich entsprechend angepaßt haben. Die Vollkommenheit der Anpassung zeigt sich im Schwimmapparat, dessen verschiedenartige Struktur die Staatsquallen in zwei Gruppen teilt.

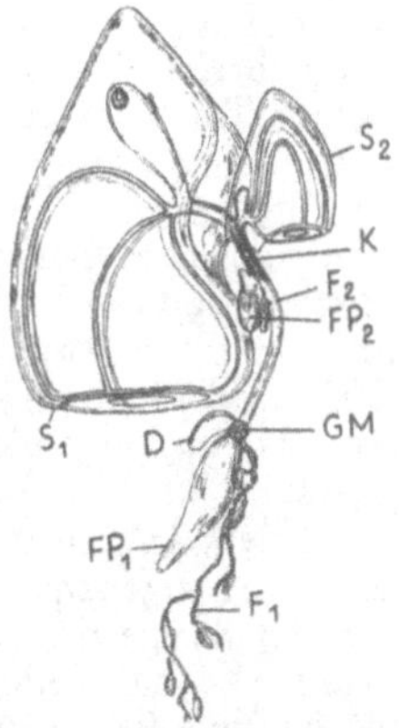

Abb. 32. Beginn der Koloniebildung bei *Galeolaria* Lesueur. D Deckstück; F1 und F2 Fangfäden; FP1 und FP2 Freßpolypen; GM Geschlechtsmedusoid; K Knospungs- und Wachstumszone des Stammes; S1 und S2 Schwimmglocken. Nach Metschnikoff und Chun

Bei den *Calycophora* bildet eine Meduse ohne Mund und Tentakel eine Schwimmglocke, die als „Kopf" des Stockes seine Fortbewegung übernimmt (Abb. 32). Die

[1]) *síphon* (gr.) Röhre; *phoréo* (gr.) ich trage.

Pneumatophora hingegen besitzen meist ein ganzes Büschel solcher Schwimmglocken, an dessen Spitze sich außerdem eine Gasflasche, der Pneumatophor, befindet (Abb. 33). Auch der Pneumatophor stellt eine, allerdings um 180 Grad gedrehte Meduse dar, deren Schirmränder sich so weit genähert haben, daß nur ein Porus übrigblieb. Ein Teil der Subumbrella dieser Meduse ist zu einer Gasdrüse, der andere Teil zum über der Drüse befindlichen, unmittelbar unter dem Porus gelegenen Gasbehälter geworden. Wenn die Siphonophore in die Tiefe sinkt, entweicht durch den Porus aus dem Gasbehälter Gas. Die Ergänzung des Gasvorrates kann in kurzer Zeit durch die Tätigkeit der Gasdrüse erfolgen. In einigen Fällen ist sogar der Porus gänzlich verschwunden. Das Auf- und Absteigen des Tieres erfolgt dann durch bloße Kontraktion der Pneumatophorenglocke.

An dem apikalen Schwimmapparat der Siphonophoren hängt der sogenannte Stamm, ein schlauchförmiger Polyp, von der Länge des ganzen Stockes, der alle anderen Personen, wie die Teile der Siphonophore genannt werden, trägt. Diese Personen sind in Gruppen angeordnet, die als Cormidien bezeichnet werden. Zu einem Cormidium gehören gewöhnlich jeweils ein Freßpolyp mit Fangfaden, ein Deckblatt (= mund- und tentakellose Meduse), ein Taster und ein Blastostyl, der durch Knospung Geschlechtsmedusen hervorbringt (Abb. 32). Bei den *Calycophora* stehen die Cormidien in bestimmten Abständen voneinander, während sowohl Cormidien als auch Einzelpersonen bei den *Pneumatophora* über den ganzen Stamm verstreut sind und hier auch die Zusammensetzung der Cormidien schwankt. Außerdem sind die Cormidien der *Pneumatophora* selbst wieder zur Knospung neuer Cormidien fähig. Dagegen zeichnen sich viele Arten der *Calycophora* durch die Fähigkeit aus, die jeweils am Ende des Stammes befindlichen ältesten Cormidien abzuschnüren und sie als Eudoxien frei herumschwimmen zu lassen. Die größte Geschlechtsmeduse der Eudoxia übernimmt zunächst die Aufgabe der Fortbewegung. Später fällt sie ab, wenn sie am Mundrohr Eier oder Spermien erzeugt hat, und an ihre Stelle tritt eine neue. Durch diese Eudoxienabstoßung sind die *Calycophora* an Länge den oft mehr als 1 m messenden *Pneumatophora* unterlegen.

Dem Beutefang der Siphonophoren dienen die mit Batterien von Nesselkapseln versehenen Fangfäden. Während das Tier durch das Wasser gleitet, wird von seinen zahlreichen Fäden, die sich bis auf mehrere Meter ausdehnen können, das Wasser abgefischt. Hat einer der Fangfäden eine Beute berührt, so wird diese durch die Wirkung der Nesselkapseln gelähmt oder sogar getötet (die Nesselwirkung von *Physalia* kann auch dem Menschen gefährlich sein). Die Fäden verkürzen sich und bringen die Beute den Freßpolypen näher. Diese ihrerseits biegen sich dem Opfer entgegen und verschlingen die Nahrung. Die Verdauung findet sowohl in den Freßpolypen als auch in besonders großen, als Taster bezeichneten Verdauungspolypen statt. Da alle Personen der Siphonophore wie bei den Kolonien der Hydroidpolypen durch Entodermröhren untereinander verbunden sind, werden von Freßpolypen aufgenommene Nahrung und frisches Wasser (Sauerstoffversorgung) gleichmäßig im Stock verteilt.

Die Geschlechtsmedusen der Staatsquallen erzeugen Eier oder Spermien. Aus dem im Wasser befruchteten Ei entsteht wie bei allen *Hydrozoa* eine Planulalarve. Bei den *Calycophora* kann man an dieser bald zwei Knospen wahrnehmen, die sich zu einer Schwimmglocke (Meduse) und zu einem Fangfaden ausbilden, während aus dem unter den Knospen liegenden Teil der Planula der Primärpolyp entsteht. Man nennt dieses Larvenstadium Siphonula. Zwischen der Schwimmglocke und dem Primärpolypen liegt eine ringförmige Wachstums- und Keimzone, an der dann die Knospe für eine zweite, endgültige Schwimmglocke gebildet wird; die Primärglocke wird später abgeworfen. Aus allen weiteren Knospen entwickeln sich Cormidien, die sich durch das Längenwachstum des Polypenkörpers immer weiter von der Schwimmglocke entfernen. In der Entwicklung der *Pneumatophora* dagegen bleibt die an der

Planula auftretende Medusenknospe als Pneumatophor an der Spitze des Stockes erhalten, und der sich zum Stamm des Stockes entwickelnde Polypenteil weist häufig noch eine zweite Wachstums- und Keimzone auf. Während die eine Zone nur Schwimmglocken erzeugt, die durch das Fehlen von Mundrohr und Tentakel gekennzeichnet sind, knospen an der anderen nur Cormidien.

Abb. 33. *Physophora hydrostatica* Forskal. Nach Sars

1. Unterordnung: *Calycophora.*

a) *Mononecta:* An der Spitze der Kolonie befindet sich lediglich eine Schwimmglocke.

b) *Polynecta:* Unter der Spitzenglocke sitzen eine oder mehrere Unterglocken. *Galeolaria* Lesueur (Abb. 32).

2. Unterordnung: *Pneumatophora.*

a) *Physonecta:* Mit Schwimmglocken, ohne Porus am Gasbehälter. Geschlechtsmedusen weisen keinerlei medusenhafte Kennzeichen mehr auf und werden Gemmen genannt. Mit langem Stamm *Forskalia* Kölliker, über 1 m lang. Mit kurzem, breitem Stamm *Physophora* Forskal (Abb. 33).

b) *Anecta:* Nur die Gasflasche ist vorhanden, Schwimmglocken und Deckblätter an den Cormidien fehlen. Pneumatophor mit Porus versehen.

Physalia Lamarck, Blasenqualle, Name rührt von der eiförmigen Gasflasche her, die bis zu 30 cm lang und 10 cm breit sein kann und auf der Meeresoberfläche schwimmt. Die Cormidien sitzen an der Unterseite der Blase und entsenden bis zu 3 m lange Fangfäden. Die Blase verläßt nie die Oberfläche und ist mit einem als Segel dienenden Kamm ausgestattet.

Vellela Lamarck, Schwimmapparat besteht aus einem ringförmigen, auf dem Wasser schwimmenden Pneumatophor, der sich aus 20 bis 30 konzentrisch angeordneten Kammern zusammensetzt. Nur ein Freßpolyp ohne Fangfäden sitzt auf der Unterseite, umringt von zahlreichen Tastern und Blastostylen. Das Tier ist tiefblau und dadurch schwer zu sichten.

2. Klasse: *Scyphozoa*, Bechertiere

Da die Quallen der *Scyphozoa*[1]) bis zu zwei Meter Durchmesser erreichen, die Polypen dagegen mit ein bis vier Millimeter Länge verschwindend klein bleiben und leicht übersehen werden können, benannten ältere Autoren die ganze Gruppe nach der Quallengeneration: *Acalephae* (Scheibenquallen). Es existieren wie bei den *Hydrozoa* aber auch wirklich Arten ohne Polypengeneration. Zur Klasse der *Scyphozoa* gehören über 200 Arten.

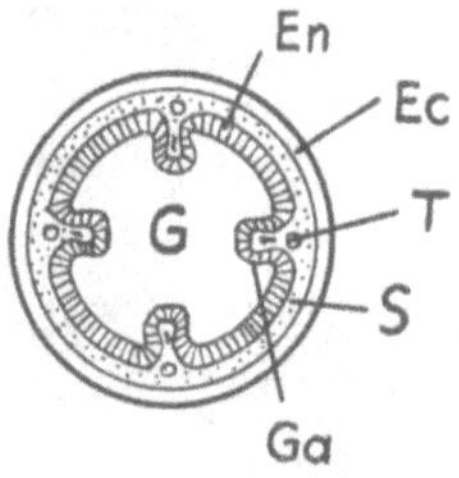

Abb. 34. Schematischer Querschnitt durch einen Scyphopolypen unterhalb des Schlundrohres. Ec Ektoderm; En Entoderm, das die Gastralwülste (Ga) bildet. In die Wülste ragt die Stützlamelle (S) hinein. G Gastralhöhle; T Trichter, der sich zur Fußscheibe hin in einen Muskelstrang fortsetzt. Nach Kükenthal

1. Polyp: Auf den ersten Blick hin ähnelt der immer festsitzende Scyphopolyp mit seinem den Mund umgebenden Tentakelkranz einem solitären Hydropolypen. Wesentliche Unterschiede weist jedoch der innere Bau auf (Abb. 34). Die bei den Hydrozoen gleichförmige, zellenlose Stützgallerte enthält bei den Scyphopolypen wie auch bei den Scyphomedusen Zellen. Die Gastral- oder Entodermhöhle ist durch vier vorspringende Falten des Entoderms unterteilt. Diese Falten oder Septen sind gegen die Mitte gerichtet und bilden so zwischen sich

[1]) *skýphos* (gr.) Becher, *zóon* (gr.) Tier.

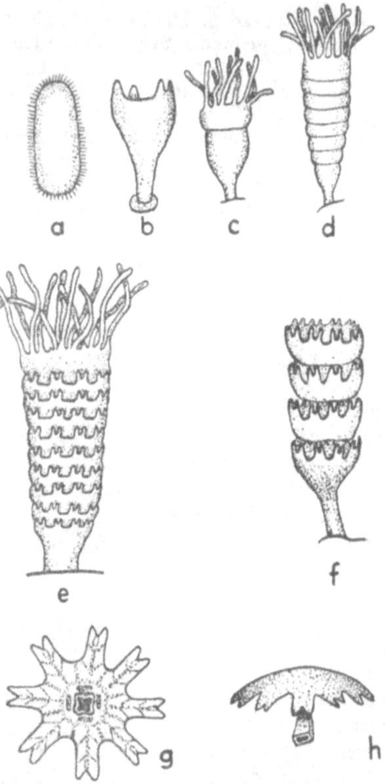

Abb. 35. Entwicklung von *Aurelia aurita* L. a Planula; b und c junger Polyp in zwei Entwicklungsstadien; d und e Beginn der Strobilation; f Polyp, der bereits einige Ephyren abgestoßen hat; g und h Ephyra, mit den typischen acht Randlappen vom Mundpol, beziehungsweise von der Seite gesehen. Nach Sars

vier Gastraltaschen. Im Innern jedes Septums befindet sich eine Ausstülpung der Stützlamelle, in die von der Umgebung des Mundes her je ein ektodermaler Trichter vordringt. Diese vier Trichter reichen nicht bis zur Basis des Polypen, sondern setzen sich in Muskelsträngen fort. Der Mund ist zu einem vierseitigen Kegel ausgezogen.

Wie die meisten Hydropolypen sind die Scyphopolypen nur zu ungeschlechtlicher Fortpflanzung fähig. Die Neubildung von Polypen durch Knospung kommt vor, führt aber selten zur Stockbildung. Die wichtigste Art der Vermehrung ist die Strobilation (Abb. 35). Darunter versteht man die Querteilung des Polypen, die fast immer Medusen entstehen läßt. Die Strobilation beginnt mit der Bildung einer Querfurche unterhalb des Mundfeldes. Die Polypententakel verschwinden, dafür bildet der Rand des Mundfeldes acht, für die spätere Qualle typische Randlappen. Das Mundfeld des Polypen wandelt sich immer mehr zur Subumbrella einer Meduse, bis es von der Querfurche völlig vom Polypen abgeschnürt wird und als selbständige Qualle davonschwimmt. Danach stellt der Polyp seine Mundregion wieder her und bringt auf die geschilderte Weise jahrelang neue Medusen hervor. Häufig gehen infolge günstiger äußerer Umstände mehrere Querteilungen zu gleicher Zeit vor sich, so daß die im Werden begriffenen Medusen dann wie Teller übereinander stehen.

2. Meduse: Die abgelösten jungen Medusen haben noch eine Reihe von Merkmalen auszubilden und werden deshalb bis zur Reife Ephyren genannt. Schon am Polypen hatte die Ephyra acht Rand- oder Stammlappen entwickelt, zwischen denen sich später nach dem Selbständigwerden die sogenannten Velarlappen bilden. An den Velarlappen entwickeln sich Tentakel, während die Stammlappen an den Spitzen gespalten sind und jeder Spalt je ein Sinnesorgan (Sinneskolben oder Rhopalium) trägt. Diese Rhopalien sind hohle Schläuche, deren doppelte Wand aus Ekto- und Entoderm besteht. Im Entoderm ihrer Spitze liegen Kristallmassen, die bei den Bewegungen der Qualle den Sinneskolben pendeln lassen, wobei im Organ befindliche Sinneszellen gedrückt werden und so die Stellung des Schirmes im Wasser empfinden (statische Empfindung). Um jeden Sinneskolben herum befindet sich ein Nervenzentrum. Schirmunterseite, Tentakel und Mund-

arme sind mit einem ektodermalen Gangliennetz ausgestattet. Bei manchen Scyphomedusen hat man sehr einfache Augen nachgewiesen, die ihren Sitz ebenfalls auf den Sinneskolben haben. Die Gonaden der Scyphomedusen sind entodermale Wucherungen, die in den Zentralmagen ragen und — mit ganz wenigen Ausnahmen von Hermaphroditismus — entweder nur Spermien oder nur Eier erzeugen. Die Befruchtung der Eier findet meist im freien Wasser statt, doch hat man bei einzelnen Arten Embryonen verschiedener Stadien im Kanalsystem der weiblichen Tiere gefunden. Daraus läßt sich schließen, daß hier die Spermien mit dem Atemwasser in das weibliche Tier eindringen können.

Die Nahrung der Scyphopolypen, der *Aureliidae* und *Rhizostomae,* gelangt hauptsächlich durch Wimperströme in den Magen und besteht aus Kleinkrebsen, Protozoen, Molluskenlarven usw. Die Stauromedusen sowie die mit langen Tentakeln ausgestatteten Medusen hingegen fangen große Beute, auch Fische, teils mit den Tentakeln, teils mit ihren mehr oder weniger langen Mundarmen. Die Mundarme entstehen durch Verlängerung der vier Kanten des nahezu vierseitig ausgebildeten Mundes. Die Verdauung erfolgt in einem extra- und in einem intrazellulären Prozeß. Es haben sich aber, jedenfalls bei den höher entwickelten Formen, die Drüsenzellen an vier Stellen des Magens gehäuft, den Gastralfilamenten, vielfach gefalteten Bezirken der Magenwand. Bei den Medusen wandert der Nahrungsbrei, nachdem die extrazelluläre Verdauung unter der Einwirkung der Säfte aus den Gastralfilamenten im eigentlichen Magen stattgefunden hat, zur Endverdauung in die wie bei den Hydromedusen vorhandenen Radiärkanäle.

1. Ordnung: *Stauromedusae,* Becherquallen

Die *Stauromedusae*[1]) sind gestielt und derart polypenhaft, daß man sich über ihre Zugehörigkeit lange Zeit hin-

[1]) *staurós* (gr.) Kreuz.

durch nicht im klaren war. Außerdem fehlt in der Entwicklung der Einzeltiere die Metagenese, und man kann deshalb die Becherquallen als primitive Medusen betrachten, denen noch die Merkmale einer allmählichen Umgestaltung aus der Polypenform anhaften. Die Stauromedusen sind die einzige Scyphozoen-Ordnung mit festsitzender Lebensweise. Als Unterlage dienen Pflanzen, Steine und dergleichen, meist im flachen Wasser und in Küstennähe, von denen die Becherquallen herabhängen. Die auf Algen sitzenden Tiere nehmen häufig durch die Fußscheibe deren Pigment auf, so daß sie ihnen in der Färbung gleichen. Wie typische Scyphopolypen weisen die Stauromedusen vier Septaltrichter auf. Polypenhaft ist auch die Anlage der Gastralsepten selbst. Der Schirmrand trägt nur büschelig angeordnete Tentakel, von denen auch die sogenannten „Randanker" offensichtlich abzuleiten sind. Diese liegen in den Einbuchtungen zwischen den Tentakeln, tragen einen aus Klebdrüsen zusammengesetzten Haftapparat und dienen unter anderem der Festheftung der Becherquallen bei gelegentlichem Ortswechsel. Aus dem befruchteten Ei entwickelt sich ein Polyp, dessen Körper allmählich die Gestalt der Becherqualle annimmt, wobei die Basis zum Stiel wird.

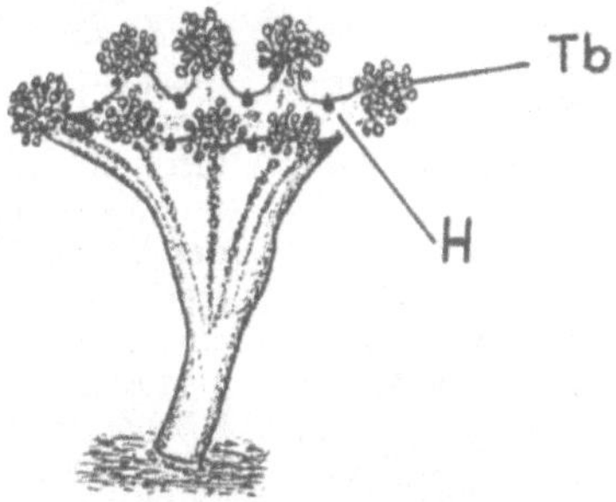

Abb. 36. *Lucernaria (Lucernariopsis) campanulata* Lamouroux. H klebriges Hafforgan (Randanker); Tb Büschel von geknöpften Tentakeln. Länge des Tieres 4 cm. Nach Milne-Edwards aus Krumbach verändert

Lucernaria O. F. Müller, auch in der Nordsee (Abb. 36).
Craterolophus Clark.

2. Ordnung: *Cubomedusae,* Würfelquallen

Die *Cubomedusae*[1]) sind wie die Stauromedusen noch mit polypenhaften Merkmalen ausgestattet, schwimmen aber frei umher. Offenbar sind sie auf nährstoffreiches Wasser angewiesen, denn am häufigsten findet man sie in der Nähe von Häfen, Flußmündungen usw. Ihrer angeblichen Gefräßigkeit wegen nannte man die ganze Ordnung auch *Charybdeidae* (Chárybdis = gefährlicher Meeresstrudel in der griechischen Mythologie). Die Glocke der Cubomedusen ist würfelig und sehr tief gehöhlt, so daß das Mundrohr nie aus der Schirmöffnung hervorragt. Einzigartig unter den Scyphozoen ist eine breite, dem Velum der Hydromedusen ähnliche Fortsetzung der Körperwand um die Schirmöffnung herum. Sie wird nur von der Subumbrella gebildet und zum Unterschied vom Velum Velarium genannt. Das Velarium ermöglicht den Cubomedusen beim Schwimmen eine weitaus größere Behendigkeit, als sie die übrigen Scyphomedusen aufweisen. In den Seitenwänden der Würfelqualle befinden sich Taschen des Zentralmagens, die an den vier Kanten des würfeligen Schirms durch Septen der Wand voneinander getrennt werden. In die Stützlamellen dieser Septen hinein ragen wiederum Mundtrichter. Von den vier Ecken der Glocke hängen ein oder mehrere Tentakel herab, die immer gestielt sind. Vier Sinneskolben befinden sich jeweils in der Mitte der Seiten, oberhalb der Schirmränder, sie tragen Linsenaugen und Pigmentbecherocellen. Die blattförmigen Gonaden sitzen den Septen an und ragen in die Magentaschen

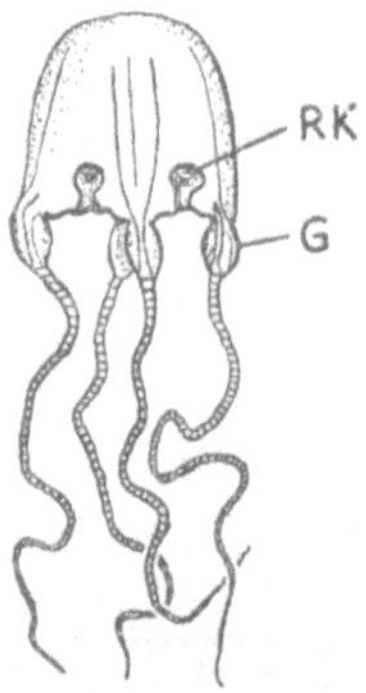

Abb. 37. *Carybdea marsupialis* Péron und Lesueur, eine Cubomeduse. G Gallertsockel der Tentakel; RK Randkörper mit Sinnesorgan. Nach Hatschek

[1]) *cubus* (lat.) Würfel.

hinein. Über die Ontogenie weiß man wenig. Man konnte zwar bei einigen Arten die Entwicklung der Planulalarven bis zur Polypenbildung, aber nicht weiter verfolgen. Es ist daher unbekannt, ob die Qualle durch Umwandlung des Polypen oder durch Metagenese entsteht. Die Nesselwirkung scheint bei vielen Würfelquallen recht erheblich zu sein und ruft bei den betroffenen Menschen oft schwere Beeinträchtigungen des Allgemeinbefindens hervor.

Carybdea Pér. und Les. (Abb. 37). *Chiropsalmus* Agassiz.

3. Ordnung: *Coronata*

Die *Coronata*[1]) umfassen nur 17 Arten, über deren Lebensweise sich nichts Umfassendes sagen läßt, zumal von manchen bisher nur wenige Exemplare gefunden werden konnten. Die Längsachse der Coronaten ist gegenüber der von Stauro- und Cubomedusen stark verkürzt, so daß die Körperform der Coronaten der typischen Medusengestalt näherkommt (Abb. 38). Doch sind auch die Arten dieser Ordnung mit Septen und Septaltrichtern ausgestattet. Eine Ringfurche trennt den oberen Teil der Exumbrella von den äußerst reichen Randbehängen der Corona. Diese besteht aus Tentakeln und Rhopalien, die, in Gruppen geordnet, einander abwechseln. Alle sitzen stark ausgebildeten Gallertsockeln auf, zwischen denen sich jeweils ein Randlappen befindet.

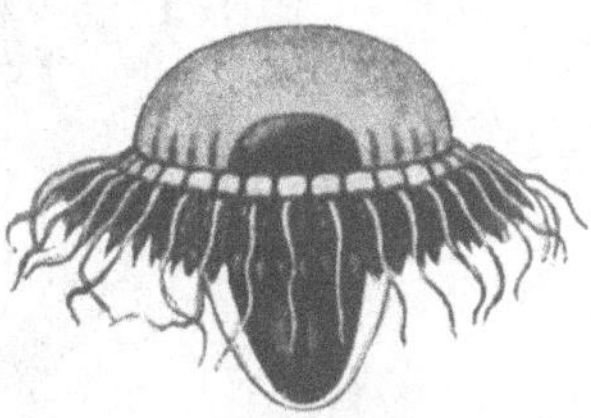

Abb. 38. *Atolla chuni* Vanhöffen, eine Coronate. Nach Vanhöffen

Die Periphylliden sind in allen Ozeanen vorkommende Medusen, die noch in 4500 m Meerestiefe leben. Als Tiefseetiere haben sie eine dunkle Färbung. Ihre Schirme weisen einen Durchmesser bis zu 20 cm auf.

---

1) *corona* (lat.) Kranz.

Nausithoë Kölliker ist bisher nur in tropischen Meeren und nicht allzu großen Tiefen gefunden worden. Nur von dieser Coronate weiß man sicher, daß zu ihrer Entwicklung ein Generationswechsel gehört. Aus den Eiern entstehen Polypen, die sich meist in Schwämmen ansiedeln und dort kleine Stöcke bilden. Durch Strobilation gehen aus den Hydranthen Ephyren hervor. Schirmdurchmesser 9 mm bis 4 cm. *Atolla* Haeckel lebt in den Tiefen aller Ozeane und variiert in der Färbung je nach der Meerestiefe. Schirme von 2,7—15 cm Durchmesser (Abb. 38).

Abb. 39. *Pelagia noctiluca* Péron und Lesueur. Nach Krumbach

4. Ordnung: *Semaeostomae*, Fahnenquallen

Vertreter der *Semaeostomae*[1]) finden sich in allen Ozeanen. Ihr Schirm ist pilzförmig und bedeutend flacher als bei den ersten drei Ordnungen der *Scyphozoa*. Wie bei den Coronaten sind Randlappen vorhanden, die teils unter, teils peripher von den Tentakeln und Rhopalien stehen. Die Septen fehlen. Eigentümlich ausgestattet sind die vier Mundarme, was der Ordnung den Namen gab. Jeder Mundarm ist nämlich äußerst lang und an beiden Kanten von breiten, faltigen Hautstreifen besetzt. Sie dienen eben-

[1]) *séma* (gr.) Fahne, *stóma* (gr.) Mund.

so wie die mit Nesselkapselanhäufungen besetzten Tentakel dem Beutefang.

Der Magen besitzt vier Gruppen von Gastralfilamenten und entsendet in den Schirm hinein Radiärkanäle. Bei den *Aureliidae* sind diese Radiärkanäle wie bei den Hydromedusen durch einen Ringkanal verbunden. Die Gonaden entstehen als Faltungen der der Subumbrella zugewandten Magenwand. Sie liegen genau über den vier Einbuchtungen des Mundfeldes und brachten diesen den Namen Subgenitalhöhlen ein.

Abb. 40. *Aurelia aurita* L., die Ohrenqualle. Durch die Exumbrella schimmern die Gonaden hindurch.
Aus Ziegler und Bresslau

Die mit langen Tentakeln ausgestatteten Arten ernähren sich von kleinen Krebsen, Medusen und Fischeiern und scheiden Skeletteile der Beute unverdaut wieder aus. Die *Aureliidae* hingegen sind Partikelfresser.

Fam. *Pelagidae*. Farbenprächtige Tiere, durch violette und rötliche Töne auffallend. *Pelagia noctiluca* Pér. u. Les. (Abb. 39). 1,2—8 cm Durchmesser, leuchtend, ohne Generationswechsel.

Chrysaora Pér. u. Les., bis 40 cm Durchmesser, mit bis zu 2 m langen Mundarmen. Aus dem Ei geht ein Scyphopolyp hervor, der strobiliert. Als besondere Art der ungeschlechtlichen Fortpflanzung kommt bei *Chrysaora* die Podocystenbildung vor, d. h. unter der Haftplatte des Polypen verbinden sich junge Zellen miteinander und umgeben sich mit einer Chitinhülle, sie encystieren sich. Nach einiger Zeit schlüpft die Cyste aus ihrer Hülle heraus und wächst zu einem neuen Polypen heran. Wahrscheinlich dient die Podocystenbildung der zeitlichen Überbrückung ungünstiger äußerer Umstände.

Fam. *Cyaneidae*. Oft bläulich, aber auch bunt gefärbte Tiere, unter allen Scyphozoen die größten Ausmaße erreichend. Größter Schirmdurchmesser zwei Meter (*Cyanea arctica* Pér. u. Les.), längste bisher gemessene Ausdehnung der Tentakel über zwanzig Meter. Aus den Subgenitalhöhlen hängen die Gonaden als

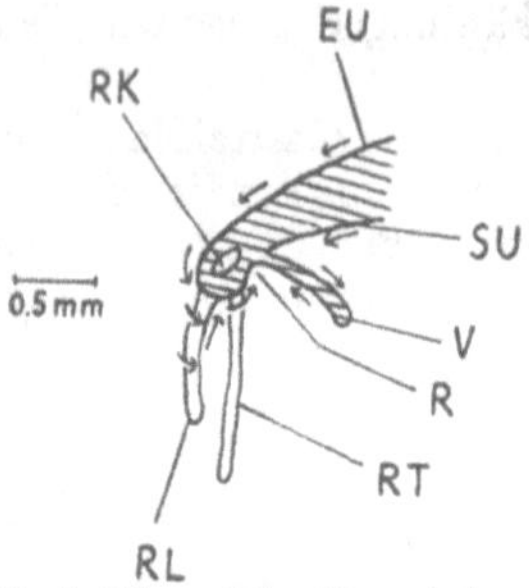

Abb. 41. Schematischer Längsschnitt durch den Schirmrand von *Aurelia aurita* L. EU Exumbrella; R Rinne, in die die Nahrung getrieben wird; RK Radiärkanal; RL Randlappen; RT Randtentakel; SU Subumbrella; V Velarioid. Nach Southward verändert

ausgestülpte Genitalsäcke in die Subumbrellahöhle hinab. *Cyanea* Pér. u. Les., *Drymonema* Haeckel.

Fam. *Aureliidae*. Im Gegensatz zu den anderen Semaeostomeen Partikelfresser, mit sehr kurzen Tentakeln. Mit Generationswechsel, in dem mehrere Polypengenerationen hintereinander auftreten können. *Aurelia aurita* L., die Ohrenqualle, bis 40 cm Schirmdurchmesser (Abb. 40). Durch die Untersuchungen von Southward (1955) ist man über die Nahrungsaufnahme der Ohrenqualle genauer unterrichtet, die sich in vereinfachter Darstellung etwa folgendermaßen vollzieht:

Sowohl die Exumbrella als auch die Subumbrella sind dicht mit Wimpern besetzt, deren Schlag Nahrungspartikel wie Flagellaten, Ciliaten, kleine Krebse usw. gegen den Rand des Schirmes flimmert, wobei die Nahrung in Schleim eingehüllt wird. Die Nahrungsmasse sammelt sich in einer von den Rhopalien unterbrochenen Rinne, die zwischen Randtentakeln und einer Abfaltung der Subumbrella verläuft (Abb. 41). Diese Falte ist dem Velarium der Cubomedusen nur entfernt ähnlich, da sie sich von Rhopalium zu Rhopalium hinzieht, also unterteilt ist. Sie wird deshalb als Velarioid bezeichnet. Jeweils in der Mitte zwischen zwei Rhopalien ist die Rinne

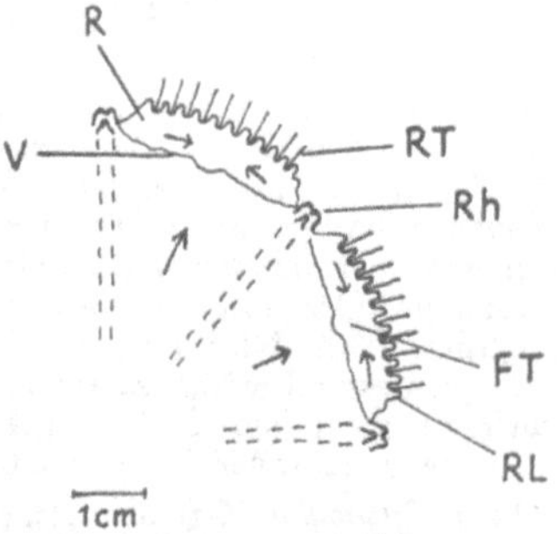

Abb. 42. Teilansicht der Subumbrella von *Aurelia aurita* L. FT Futtertaschen; R Rinne; Rh Rhopalien; RL Randlappen; RT Randtentakel; V Velarioid. Nach Southward verändert

zu sogenannten Futtertaschen erweitert, wo sich die Nahrung staut (Abb. 42). In diese Futtertaschen greifen nun die gefransten Spitzen der Mundarme. Nahrung und Schleim werden von den auf der Innenseite der Mundarme befindlichen Wimpern in die Gastraltaschen befördert. Gastralfilamente spalten die Nahrung in kleine Partikel, die dann im Kanalsystem kreisen.

5. Ordnung: *Rhizostomae*, Wurzelmundquallen

Die *Rhizostomae*[1]) sind meist Bewohner der Schelfseen im tropischen Bereich. Wenn ihre Vertreter auch den *Semaeostomae* an Größe unterlegen sind, so erreichen sie doch immerhin Schirmdurchmesser von 10 bis 80 cm. Die beiden auffälligsten Eigenschaften sind das Fehlen aller Tentakel und einer einheitlichen Mundöffnung, an deren Stelle zahlreiche Poren treten.

Abb. 43. *Stomolophus meleagris* Agassiz, junge Meduse. Nach Krumbach

Bei jungen Ephyren ist das Mundrohr ähnlich wie bei den *Semaeostomae* gestaltet, d. h. es ist am Ansatzpunkt zunächst geschlossen und spaltet sich gegen das Ende zu in vier Arme auf. Im Laufe der weiteren Entwicklung bildet sich zunächst aus jedem Arm ein Rohr, in dem jeweils die beiden Armränder miteinander verwachsen, wobei in der „Naht" offene Stellen als Poren erhalten bleiben. Durch Faltenbildungen und komplizierte Verwachsungsprozesse entstehen weitere Poren und ein System von Kanälen, das in die Armröhren und endlich in den Magen einmündet.

Die Art der Nahrungsaufnahme ist bei den meisten Arten ungeklärt. Wahrscheinlich dienen Plankton, vielleicht auch im Wasser gelöste organische Stoffe den Rhizostomeen als Nahrung. Verschiedene Arten beherbergen in ihrer Gallertschicht symbiontische Algen und werden durch

1) *rhíza* (gr.) Wurzel, *stóma* (gr.) Mund.

sie in ihrer Färbung beeinflußt. Andere, nicht von Algen bewohnte Rhizostomeen, weisen bläuliche, rötliche, bräunliche und violette Farbtöne auf. Generationswechsel ist bisher nur von wenigen Arten als sicher bekannt.

Rhizostoma Cuvier, 60 bis 70 cm Schirmdurchmesser. *Cotylorrhiza* Agassiz, bis 20 cm Schirmdurchmesser. *C. xamachana* Bigelow, bis 24 cm Schirmdurchmesser, mit sessiler Lebensweise während der Reife. *Stomolophus meleagris* Agassiz (Abb. 43).

3. Klasse: *Anthozoa*, Blumentiere

Die *Anthozoa*[1]) oder Blumentiere sind lediglich durch Polypen vertreten, unter denen sowohl einzeln lebende als auch stockbildende Formen vorkommen. Nur im Meer beheimatet, wachsen sie häufig am Boden fest oder graben sich in ihn ein. Meist bilden die Anthozoen ein vom Ektoderm abgeschiedenes Skelett aus. Der Körperbau läßt sich durch Vergleich mit dem des Scyphopolypen erläutern. Zwischen Ekto- und Entoderm liegt eine stark entwickelte, kräftige, mit vielen Zellen versehene Mesogloea. Der Mund befindet sich nicht unmittelbar an der Oberfläche der Mundscheibe, sondern am Grunde eines eingestülpten, ektodermalen Schlundrohres, das im Querschnitt oval oder sogar spaltförmig sein kann. In den Ecken des Schlundrohrs verlaufen ein oder zwei mit Wimperzellen besetzte Flimmerrinnen (Siphonoglyphen), die einen zum Munde gerichteten Wasserstrom erzeugen.

Der Gastralraum ist bei dem Scyphopolyp durch einspringende entodermale Wandfalten (= Septen) unterteilt, die hier jedoch zahlreicher sind und Mesenterien genannt werden. Die Mesenterien entspringen an der Außenwand des Körpers und ziehen zur Mitte, wo sie einen zentralen Gastralraum frei lassen. Sie sind sowohl mit der Mund- als auch der Fußscheibe verwachsen, während das Schlundrohr nur bei den *Octocorallia* von allen Septen erreicht wird. Jedes Mesenterium hat eine leistenartige Verdickung an

[1]) *ánthos* (gr.) Blume, *zóon* (gr.) Tier.

seiner freien Kante, die als geschlängelter Faden (Filament) erscheint und mit ihren Drüsen- und Resorptionszellen Träger der Verdauung ist. Eine Seite des Mesenteriums ist gewöhnlich durch einen Streifen starker Längsmuskulatur vorgewölbt, während sich auf der anderen Seite schwächere Quermuskeln befinden (Abb. 44).

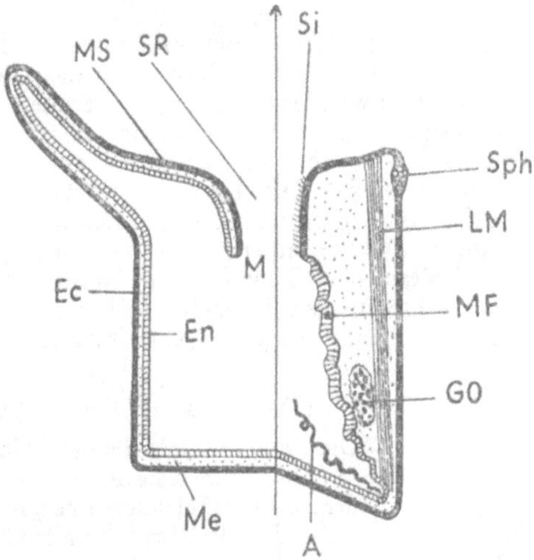

Abb. 44. Schematischer Längsschnitt durch einen Korallenpolypen. Links geht der Schnitt durch eine Gastraltasche, rechts durch ein Mesenterium. A Akontie; Ec Ektoderm; En Entoderm; GO Gonaden; M Mund; Me Mesogloea; MF Mesenterialfilament; MS Mundscheibe; Si Siphonoglyphe; Sph Sphinkter; SR Schlundrohr; T Tentakel. Nach Kükenthal verändert

Bei den *Octocorallia* der 1. Unterklasse der *Anthozoa* läßt sich stets eine Achtteilung des Körpers feststellen; es entsprechen den acht Tentakeln auch acht Gastraltaschen. Dagegen herrscht bei den *Hexacorallia*, der 2. Unterklasse, die Sechszahl oder ein Vielfaches davon; doch sind hier Abweichungen häufig. Neben der schon erwähnten Mesenterialmuskulatur finden wir auch in der Körperwand der

Anthozoa ein mehr oder weniger ausgeprägtes Muskelsystem, das sich aus ektodermaler Längs- und entodermaler Ringmuskulatur zusammensetzt.

Das Nervensystem besteht aus verstreuten Nervenzellen und -fasern, die netzartig miteinander verbunden sind und sowohl im Ektoderm als auch im Entoderm verlaufen. Sinnesorgane fehlen, es sind nur einzelne Sinneszellen vorhanden.

Das Ektoderm der Mesenterien bildet die Geschlechtszellen, die in die Mesogloea im Raum zwischen Filament und Muskulatur einwandern. Eier und Spermien werden in den Gastralraum entleert, wo bereits die Befruchtung stattfinden kann, die aber oft auch erst außerhalb des Körpers vor sich geht. Die Entwicklung der Jungtiere durchläuft das von den übrigen Cölenteraten her bekannte Planulastadium. Die bewimperte Larve setzt sich bald fest und bildet Schlundrohr, Tentakel und Mesenterien aus. Neben der geschlechtlichen Vermehrung kann zur Stockbildung führende Längs-, seltener Querteilung erfolgen.

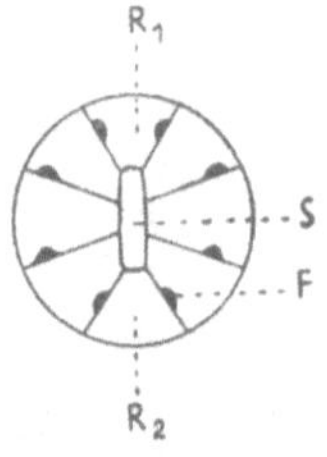

Abb. 45. Schematischer Querschnitt durch *Alcyonium*. F Muskelfahne; R1 Richtungsfach, das als Innenfach ausgebildet ist (Muskelfahnen liegen sich innerhalb des Faches gegenüber); R2 Richtungsfach, das als Zwischenfach ausgebildet ist; S Schlund.

1. Unterklasse: *Octocorallia*

Die *Octocorallia*[1]) treten nur in Stockform auf. Ihre acht in der Regel gefiederten Tentakel umgeben kranzförmig die Mundscheibe. Im Schlundrohr findet sich eine Siphonoglyphe, deren besonders starke Aus- oder Rückbildung den Charakter von zwei Polypenformen bestimmt, wie sie häufig an den Stöcken anzutreffen sind (Dimorphismus der Polypen). Zugunsten der Siphonoglyphe verkümmern nämlich bei manchen Polypen einer Kolonie, den Siphonozooiden, die übrigen Polypenmerkmale wie Tentakel und Septen. Solche Siphonozooide übernehmen lediglich die

[1]) *octó* (gr.) acht, *korállion* (gr.) Koralle.

Versorgung des Stockes mit Wasser, also auch mit Sauerstoff. Bei den anderen Polypen, den der Ernährung dienenden Autozooiden, reduzieren sich die Siphonoglyphen. Die Geschlechtsorgane sind je nach der Art entweder auf die Autozooide oder auf die Siphonozooide lokalisiert. Wie

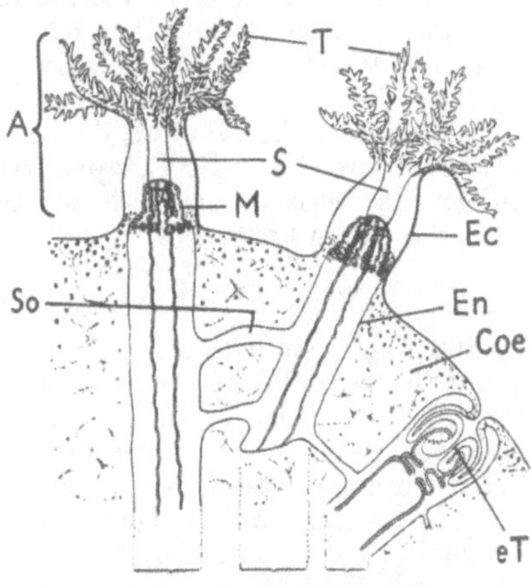

Abb. 46. *Alcyonium digitatum* L. Schematischer Längsschnitt. A Anthocodium; Coe Coenenchym; Ec Ektoderm; En Entoderm; eT eingezogene Tentakel; M Mesenterien; S Schlundrohr; So Solenia; T Tentakel. Nach Kükenthal

aus der Abbildung 45 ersichtlich ist, ist der Gastralraum von acht Septen unterteilt, die vollständig sind, d. h. ausnahmslos auch am Schlundrohr ansetzen. Die mesenterialen Geschlechtsorgane ragen traubig in die Gastraltaschen hinein. Skelettbildner ist immer das Ektoderm. Es vermag nach außen eine hornige Substanz abzuscheiden. Meist wandern die skeletogenen Zellen jedoch in die Mesogloea ein und bilden dort ein inneres Skelett horniger oder kalkiger Zusammensetzung. Bei manchen Gruppen besteht das Skelett nur aus einzelnen Skleriten. In anderen Fällen vereinigen sich diese z. T. zu Achsen- oder Röhrenskeletten.

Die Kolonien entstehen durch Knospung. Die Knospen gehen nie unmittelbar vom Mutterpolypen aus. Vielmehr entsprossen dem Gastralraum zunächst Entodermröhren, die Solenia, die von Mesogloea und Ektoderm umkleidet sind. An ihnen erst erscheinen neue Polypen. Oft sind diese in mehreren Stockwerken durch Solenia untereinander verbunden. Wenn die Wandungen der Solenia miteinander und mit denen der Polypen verschmelzen, kommt es zur Bildung einer gemeinsamen Leibesmasse, dem Coenenchym. Dieses läßt nur die oberen Teile der Polypen frei, die dann Anthocodien genannt werden und sich vielfach in das Coenenchym zurückziehen können (Abb. 46).

1. Ordnung: *Alcyonaria,* Lederkorallen

Die etwa 800 Arten umfassenden *Alcyonaria*[1]) oder Lederkorallen stellen rasenförmige, massige oder verästelte Kolonien dar. Das verschieden starke, immer in der Mesogloea liegende, von Ektodermzellen gebildete Skelett besteht häufig aus einzelnen Kalkskleriten, die sich aber zu einer Achse vereinigen können. Massige Kolonien besitzen ein Coenenchym, aus dem nur die Anthocodien ragen (Abb. 46). Dimorphismus der Polypen kommt mehrfach vor. Für die Ernährung der Kolonien sind offenbar einzellige Algen wichtig, die sich bei in geringer Tiefe lebenden *Alcyonaria* häufig in den Zellen des Ektoderms aufhalten.

Fam. *Cornulariidae.* Manche Arten besitzen keine Sklerite, dafür aber eine hornige Schicht auf dem Ektoderm (Cuticula). *Cornularia* Lamarck. *Clavularia* Quoy und Gaimard.

Fam. *Tubiporidae* (Orgelkorallen). Der Stock setzt sich aus senkrechten, nahezu parallel zueinander stehenden Polypen zusammen (Abb. 47). Diese sind sowohl durch basale Stolonen als auch darüber, durch mehrere Etagen von an den Polypenkörpern entspringenden Solenia, untereinander verbunden, ohne daß sich ein Coenenchym bildet. In der Mesogloea liegen zahlreiche rote

[1]) *alkýon* (gr.) Eisvogel, da man Ähnlichkeit zwischen der Stockform der *Alcyonaria* und dem Nest des Eisvogels fand.

Sklerite ektodermalen Ursprungs. Bis auf den Bereich der Polypenköpfe verschmelzen diese Sklerite miteinander so, daß alle Entodermräume von Skelettröhren umgeben sind. Mit zunehmendem Wachstum der Polypen sterben von Zeit zu Zeit die alten basalen Teile ab, die durch Anlage von Skelettböden abgeschnürt werden. So besteht die zentrale Masse einer Orgelkoralle aus leblosem Skelett. *Tubipora* L., auf Korallenriffen, nur im Indischen Ozean (Abb. 47).

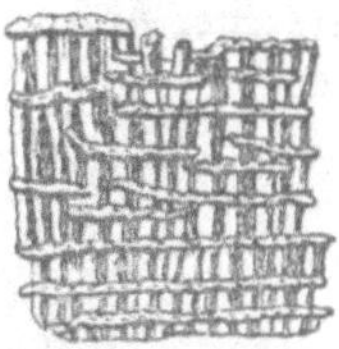

Abb. 47. Skelettstück einer Orgelkoralle (*Tubipora*) in Seitenansicht

Fam. *Alcyoniidae* (Lederkorallen) (Abb. 46, 48). Die Polypen sind durch eine gemeinsame Leibesmasse so verbunden, daß sie bis auf die Anthocodien als Individuen nicht abgrenzbar sind. Die Sklerite liegen immer einzeln in der Mesogloea. *Alcyonium digitatum* L., Korkpolyp oder Tote Manneshand.

Fam. *Coralliidae*. Baumartiger Habitus. *Corallium rubrum* L., die Edelkoralle, ist im Mittelmeer und im Indo-Pazifik zu finden. Die Stöcke haben die Gestalt bis zu 1 m hoher zarter Bäumchen. Die Äste jedes Bäumchens bestehen aus dem Coenenchym vieler weißer Polypen, die jeweils durch ein Netzwerk von Solenien miteinander verbunden sind. Im Coenenchym liegen verstreute kalkige Sklerite. In der Mitte jedes Astes verläuft eine Achse, deren Entstehung auf verlagerte Ektodermzellen zurückzuführen ist. Diese bilden zunächst einzelne Sklerite, die dann zusammengekittet werden. Das Achsenskelett ist rot oder weiß und wird zur Herstellung von Schmucksachen verwendet.

Abb. 48. Kolonie von *Alcyonium glomeratum* Han. Nach Hickson aus Pax

2. Ordnung: *Gorgonaria*, Hornkorallen

Die *Gorgonaria*[1]) oder Hornkorallen mit etwa 1200 Arten

[1]) *Gorgó* weibliche Gestalt in der griechischen Mythologie mit Schlangenhaaren (Medusa).

stellen meist baumartig verzweigte Kolonien von gleichartigen Polypen dar. Das Ektoderm des Coenenchyms ist auf zweifache Weise als Skelettbildner tätig. Zunächst finden sich in der gesamten Mesogloea einzelne Kalksklerite. Außerdem aber existiert ein Achsenskelett, das aus Horn besteht und manchmal Kalkssklerite in sich einschließt. Die Zellen, die dieses Achsenskelett bilden, wandern in die Mesogloea ein und umgeben die Achse rindenförmig. Die Achse entsteht nie durch Zusammenschluß von vielen Skleriten, worin ein wesentlicher Unterschied zu den *Alcyonaria* liegt.

Abb. 49. *Rhipidogorgia flabellum* L., der Venusfächer. Höhe ca. 30 cm

Das System ist sehr ungeklärt, weshalb in diesem Rahmen nur einige Arten genannt werden sollen.

Rhipidogorgia flabellum L., der Venusfächer, erreicht Höhen von über einem Meter. Seine Zweige befinden sich in einer Ebene, so daß die fächerförmige Gestalt entsteht (Abb. 49).

Die bis zu zwei Meter hohe *Paragorgia arborea* L. und *Primnoa resedaeformis* Gunnerus (Abb. 50) treten an der norwegischen Küste auf.

Euplexaura antipathes L. kommt im Roten Meer und Indischen Ozean vor. Sie besitzt eine schwarze Achse, die für Schmuckwaren Verwendung findet.

3. Ordnung: *Helioporaria*[1])

Die Ordnung umfaßt nur eine Art, die „Blaue Koralle", die früher zu den Alcyonarien gestellt wurde. Das Coenenchym bildet eine einheitliche, skelettbildende Ektoderm-

[1]) *hélios* (gr.) Sonne, *póros* (gr.) Loch.

schicht, so daß unter dem flachen, lebenden Teil des Stockes allmählich eine relativ dicke Skelettschicht entsteht.

Heliopora Pall., auf den Korallenriffen des Indischen und Pazifischen Ozeans zu finden.

4. Ordnung: *Pennatularia*, Seefedern

Besonders eigenartige Vertreter der *Octocorallia* sind die *Pennatularia*[1]) oder Seefedern, zu denen man etwa 300 Arten rechnet. Der Name bezieht sich auf die federförmige Gestalt der Kolonien höher entwickelter Arten (Abb. 51).

Abb. 50. *Primnoa resedaeformis* Gunnerus, von pflanzenähnlichem Wuchs und 60 cm Höhe. Die einzelnen Zweige sind rundum von nur 5 mm langen Polypen besetzt. Nach Kükenthal aus Pax

Den Ursprung jeder Kolonie bildet der aus der Larve entstehende langgestreckte Primär-, Terminal- oder Stammpolyp, der, nachdem an seinem apicalen Teil die Knospung von sekundären Polypen begonnen hat, seine Tentakel, Mesenterien usw. bald einbüßt und statt derer Eigenschaften entwickelt, die ihn zum Träger der ganzen Kolonie machen. An Stelle der acht Mesenterien erhält sein Gastralraum nur ein durchgehendes Septum, das ihn in zwei Entodermkanäle teilt. Im Gewebe des Septums entstehen dann zwei weitere Längskanäle (Abb. 52). Bis auf einen werden gegen die Spitze zu alle reduziert. Diese vier zentralen Kanäle sind verbunden mit einem in der Mesogloea des Stammes liegenden peripheren Kanalsystem, das aus Längs- und im Stielabschnitt auch aus Ringkanälen besteht. Damit kommunizieren auch die Gastralräume der Sekundärpolypen.

Der polypenlose basale Teil des Stammes, der Stiel, besitzt die Fähigkeit, sich in den Boden einzubohren, manch-

---

1) *penna* (lat.) Feder.

mal mit Hilfe einer Endblase. Der polypentragende Teil wird Kiel oder Rhachis, mit den sekundären Polypen zusammen Polypar, genannt. Die sekundären Polypen können einzeln auf dem Kiel sitzen, oder es sind mehrere mit ihren Rümpfen so miteinander verwachsen, daß Fiederstrahlen entstehen (Abb. 51). Bei allen Pennatularien ist ein Dimorphismus der Sekundärpolypen festzustellen. Neben wohlentwickelten Autozooiden finden sich viele unscheinbare, warzenförmige Siphonozooide. Der innere Bau der Autozooide ist dem anderer *Octocorallia*-Polypen gleich. Geschlechtsprodukte werden nur von den Autozooiden hervorgebracht.

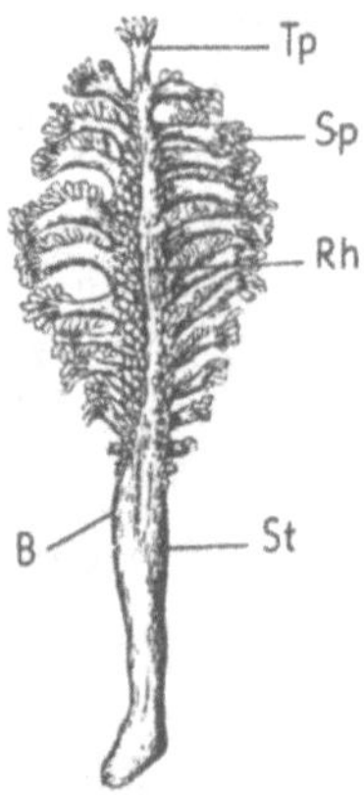

Abb. 51. *Pennatula phosphorea* L. B Bulbus, Verdickung des Stieles durch den im Inneren befindlichen Ringmuskel; Rh Rhachis; Sp Seitenpolypen; St Stiel; Tp Terminalpolyp. Nach Jungersen aus Kükenthal

Die Skleroblasten des Ektoderms bilden in der Mesogloea Sklerite, die sich nie zu einem zusammenhängenden Skelett vereinigen. Dagegen zieht sich in der Mitte zwischen den Längskanälen fast immer eine Achse durch den Terminalpolypen (Abb. 52). Sie besteht aus horniger Grundsubstanz mit Kalkeinlagen und erreicht oft nicht die beiden Enden des Stammes. Jeder Polyp ist mit Längs- und Ringmuskulatur versehen, die bei dem Stammpolypen besonders ausgeprägt ist. Diese Muskulatur erlaubt der ganzen Kolonie sich schnell zu kontrahieren oder auszustrecken. Am oberen Teil des Stieles springt nach innen ein Ringmuskel vor, der die Kanäle des Stieles von denen des Polypars abschnüren kann. Seine Lage ist äußerlich an einer Anschwellung des Stieles, dem Bulbus, ersichtlich (Abb. 51).

Die sekundären Polypen vieler Pennatularien können bei Reizungen verschiedener Art leuchten, was vermutlich auf intrazelluläre Vorgänge im Ektoderm zurückzuführen ist (Abb. 53).

Veretillum Pallas, ist ausgestreckt ca. 65 cm lang, hat einen gedrungenen Stiel und eine entsprechend kurze Achse. Die Sekundärpolypen entspringen einzeln und an allen Seiten der Rhachis (Abb. 54). Wie alle Pennatularien solcher Erscheinungsform lebt *Veretillum* im flachen Wasser, wo Nahrung und Sauerstoff durch die wechselnde Strömung gleichmäßig verteilt sind.

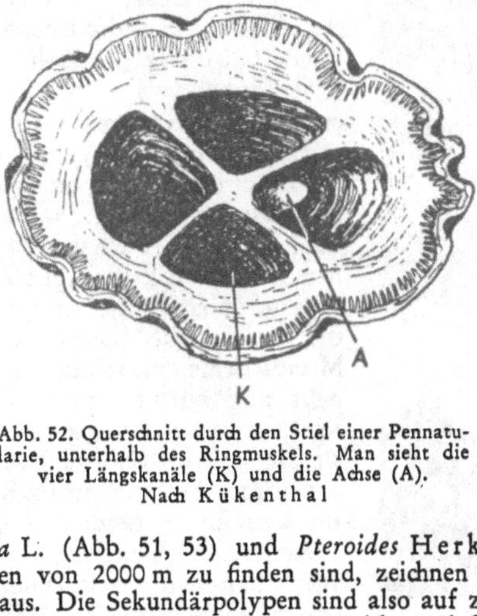

Abb. 52. Querschnitt durch den Stiel einer Pennatularie, unterhalb des Ringmuskels. Man sieht die vier Längskanäle (K) und die Achse (A). Nach Kükenthal

Pennatula L. (Abb. 51, 53) und *Pteroides* Herklotz, die bis in Tiefen von 2000 m zu finden sind, zeichnen sich durch Federform aus. Die Sekundärpolypen sind also auf zwei Seiten des Rumpfes beschränkt und immer so gerichtet, daß sie gegen die Wasserströmung stehen, um die Versorgung des Stockes zu sichern.

Umbellula Cuvier besitzt am Ende eines etwa zwei Meter langen Stammes nur wenige Polypen, die dicht zusammengedrängt so angeordnet sind, daß sie die von oben her absinkenden Mikroorganismen auffangen können (Abb. 55).

2. Unterklasse: *Hexacorallia*

Die Unterklasse der *Hexacorallia*[1]) faßt systematisch eine Reihe von Ordnungen zusammen, die miteinander kein

[1]) *hexa-*, (gr.) sechs.

anderes Merkmal gemeinsam haben, als daß sie auf vielfältige Weise von den *Octocorallia* abweichen. Die für die *Octocorallia* typische Fiederform der Tentakel ist selten zu finden. Sind die Tentakel bei einer Gruppe doch einmal gefiedert, so treten sie fast nie in der Achtzahl auf. Eine Verwechslung mit den *Octocorallia* ist also kaum möglich. Meist ist eine große Anzahl von Tentakeln vorhanden (bis über 1000), der die Zahl der Mesenterien durchaus nicht immer entspricht; es steht daher eine Gastraltasche oft mit mehreren hohlen Tentakeln in Verbindung. Wie schon erwähnt, sind die Mesenterien häufig in der Sechszahl oder einem Vielfachen davon vorhanden. Neben vollständigen Mesenterien sind unvollständige zu unterscheiden, d. h. solche, die nur an der Fuß- und Mundscheibe, nicht aber am Schlundrohr angewachsen sind. Die Mesenterien treten paarweise auf. Der Raum zwischen zwei von ihnen wird als Fach bezeichnet. Sind einem Fach die Längsmuskelwülste beider begrenzender Mesenterien zugekehrt, so spricht man von einem Innenfach, anderenfalls von einem Zwischenfach. Als Richtungsfächer werden die Gastraltaschen bezeichnet, die sich an den Schmalseiten des Mundrohres befinden. Durch diese besondere Gliederung der Mesenterien in Verbindung mit dem abgeflachten Mundrohr erscheinen die in der Ontogenese radiärsymmetrischen Tiere bilateralsymmetrisch (Abb. 56). Kein Vertreter der *Hexacorallia* zeichnet sich durch Polypendimorphismus aus. Nie treten einzelne Sklerite auf. Bei der Betrachtung der Gonaden schließlich fällt auf, daß sich die Mesenterien nicht traubig vorwölben, sondern als „Flächengonaden" in der Mesogloea

Abb. 53. Leuchtende Seefeder *Pennatula phosphorea* L. Nach Dahlgren aus Pax

ruhen, in die, vom Entoderm gebildet, die Geschlechtszellen eingewandert sind.

1. Ordnung: *Actiniaria*, Seerosen

Vertreter der *Actiniaria*[1]) oder Seerosen sind in allen Meeren zu finden, und zwar weisen sowohl die Flach- als auch die Tiefsee typische Arten dieser Anthozoenordnung auf. Es gibt über 1000 Arten, die teilweise sehr auffällig gefärbt sind, wie rot, blau, gelblich oder schneeweiß. Stockbildungen sind bei den Seerosen selten. Die einen festen Untergrund bewohnenden Aktinien halten sich mit einer muskulösen Fußscheibe fest, deren Haftwirkung wahrscheinlich durch Schleim erhöht wird. Andere Arten bohren sich mit ihrem spitzen oder blasenförmigen Fußende in den Schlamm ein. Die Körpergestalt ist walzenförmig, plump, gedrungen, seltener länglich.

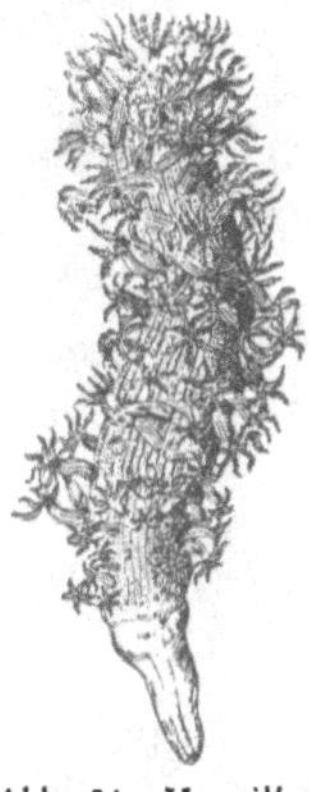

Abb. 54. *Veretillum cynomorium* (Pallas). Nach Kükenthal

Die Mundöffnung wird von hohlen Tentakeln umstanden. Bei Aktinien mit wenigen Tentakeln bilden letztere nur einen einzigen Kreis. Die meisten Seerosen jedoch haben eine Unzahl von Tentakeln (bis zu mehreren tausend), die dann in mehreren, alternierenden Kreisen oder in radiären Reihen angeordnet sind. Jeder Tentakel ist reichlich mit Nesselzellen versehen, die sich oft zu Nesselorganen zusammenballen. Bei einigen Arten sind die Tentakel selbst zu kugeligen Nesselorganen umgeformt, in Ausnahmefällen sogar bis zur Bedeutungslosigkeit reduziert. Durch feine Poren am Ende der Tentakel öffnet sich das Hohlraumsystem der Aktinien zur Außenwelt.

Das abgeplattete Mundrohr ist in der Regel mit zwei Flimmerrinnen ausgestattet. Es führt in den außerordent-

[1]) *aktís, aktínos* (gr.) Strahl.

lich vielfältig durch Mesenterien unterteilten Zentralmagen des Tieres. Die Mesenterien sind paarig angeordnet. Man unterscheidet Innen-, Zwischen- und Richtungsfächer (Abb. 56). Während der Entwicklung treten kurz hintereinander zunächst sechs Mesenterienpaare auf, wovon zwei die Richtungsfächer bilden. Im Zuge weiterer Mesenterienbildung entsteht zunächst in allen Zwischenfächern je ein neues Innenfach, worauf später die Bildung noch mehrerer Kreise von Mesenterien-Paaren erfolgen kann.

Abb 55. *Umbellula antarctica* Kükenthal. Nach Kükenthal

Im Gegensatz zu den Verhältnissen bei den *Octocorallia* sind die Gastraltaschen untereinander und mit der Außenwelt vielfach durch Poren verbunden. An den Mesenterien entspringen nicht selten fadenförmige mit Nesselkapseln besetzte Organe, die Acontien, die durch feine Öffnungen der Körperwand oder durch den Mund nach außen geschleudert werden können. Sie sind wohl als Schutzeinrichtung gegen Feinde von Bedeutung.

Da Skelettbildungen bei den Aktinien sehr geringfügig sind oder völlig fehlen, verleiht die Muskulatur allein dem Aktinienkörper die nötige Festigkeit. Bei primitiven Formen sind eine ektodermale Längsmuskulatur und eine entodermale Ringmuskulatur gleichmäßig stark entwickelt, während die Längsmuskulatur bei höheren Aktinien reduziert und ihre Aufgabe von den Mesenterialmuskeln übernommen worden ist. Die Tentakel sind immer mit gut ausgebildeter Muskulatur ausgestattet. Durch Kontraktion der verschiedenen Muskelsysteme kann sich die Gestalt der Aktinie sehr stark verändern. Eine besondere Differenzierung der Ringmuskulatur stellt ein Sphinkter dar, der sich bei Gefahr über dem eingestülpten Mundfeld samt den Tentakeln zusammenzieht (Abb. 44).

Fast allen Aktinien ist eine gewisse Veränderung des Standortes möglich. Arten mit gut entwickelter Fußscheibe bewegen sich durch deren Hilfe, indem sich die Muskulatur des Fußes wellenartig betätigt. Die Pferdeaktinie *(Actinia equina)* wurde beobachtet, als sie auf diese Weise ca. 50 cm am Tag zurücklegte. Manche Seerosen lassen sich passiv treiben, nachdem sie sich von der Unterlage für gewisse Zeit gelöst haben, ja es gibt sogar pelagisch lebende Arten. Diese schweben mundabwärts mittels ihrer zu einem pneumatischen Apparat umgewandelten Fußscheibe im Wasser.

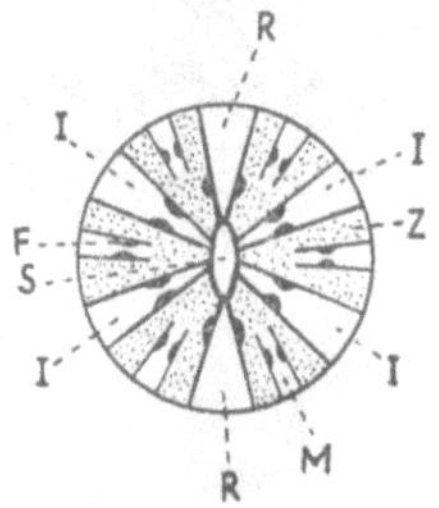

Abb. 56. Schematischer Querschnitt durch eine Actinie. F Muskelfahne; I Innenfächer; M in Neubildung begriffene Mesenterien, die noch nicht den Schlund (S) erreicht haben und wiederum Innenfächer einschließen; R Richtungsfächer; Z Zwischenfächer, in denen sich die neuen Mesenterien bilden. Nach Pax verändert

Sowohl im Ekto- als auch im Entoderm und in der Mesegloea befinden sich nervöse Elemente, die zu einem Nervennetz verknüpft sind. Durch dieses Netz findet eine diffuse Verbreitung empfangener Reize statt. Daneben sind die Mundscheibe, die Sphinkter und die mesenterialen Längsmuskeln außerdem mit langen Nervenbahnen versehen, die eine gerichtete schnelle Erregungsleitung ermöglichen.

Hinsichtlich ihrer Nahrung sind unter den Aktinien Kleintierfresser zu unterscheiden von Großtierfressern, die sich von Krebsen, Fischen usw. ernähren. Das auf die Aktinie herabsinkende Plankton wird mit Hilfe von Wimpern mundwärts befördert, mit denen Mundfeld und Tentakel, ja manchmal sogar die gesamte Körperoberfläche bedeckt sind. Zur Ergreifung größerer Beutestücke sind die Großtierfresser mit starken Tentakeln ausgerüstet, deren mechanische Kraft durch die betäubende Wirkung vieler Nesselkapseln ergänzt wird. Die extra- und intrazelluläre Verdauung werden von den Gastralfilamenten ausgeführt. In bezug auf die Zeit der Nahrungsaufnahme halten die einzelnen Arten regelmäßig gewisse Zeiten ein. Manche, z. B. *Anemonia sulcata,* in deren Entoderm sich meist Zooxanthellen befinden, ruhen des Nachts im kontrahierten Zustand mit eingezogenem Mundfeld und fangen nur am Tage Nahrung. Andere Aktinien halten tagsüber Ruhe oder sind, sofern sie sich im Bereich von Ebbe und Flut befinden, den Gezeiten angepaßt.

Abb. 57. Querteilung bei *Gonactinia prolifera* Sars. Der sich ablösende Polyp zeigt bereits den Beginn einer neuen Teilung. Nach Carlgren

Die Vermehrung kann auch bei den Aktinien ungeschlechtlich erfolgen, nämlich durch Längs-, seltener Querteilungen. Die Längsteilung, die einige Monate beansprucht, läßt oft mehrere Tochterindividuen entstehen. Die Querteilung ist mit der Strobilation bei den Scyphozoen vergleichbar (Abb. 57). Schließlich ist als dritte Art der ungeschlechtlichen Vermehrung die Laceration zu erwähnen, wobei sich von der Fußscheibe Stücke lösen und zu neuen Seerosen ausbilden (Abb. 58). Obwohl Hermaphroditismus vorkommt, ist Getrenntheit der Geschlechter häufiger. Die Spermien werden durch den Mund oder durch die Poren der Tentakel beziehungsweise der Rumpfwand in das freie Wasser ausgestoßen, wo sie auf die Eier treffen, die den weiblichen Organismus ebenfalls durch das Mundrohr verlassen haben. Es kann aber auch eine Einwanderung von Spermien in den Körper der Weibchen erfolgen, so daß Befruchtung und Entwicklung der Eier — manchmal über das Larvenstadium hinaus — im mütterlichen Gastralraum vor sich gehen. Während der Planula-Larvenzeit leben die später sessilen Aktinien etwa eine Woche lang als Plankton oder halten sich vorübergehend auf anderen Tieren, z. B. Medusen auf.

1. Ordnung: *Actiniaria*

1. Unterordnung: *Endocoelaria.*

Neue Mesenterien entstehen nur in den Innenfächern, den Endocölen. Wenige Vertreter.

2. Unterordnung: *Exocoelaria.*

Neue Mesenterien bilden sich stets in den Zwischenfächern, den Exocölen.

Gonactinia prolifera Sars, in der Nordsee, 3 mm hoch mit Fußscheibe, Tentakel sind nicht einziehbar. Die Tiere können

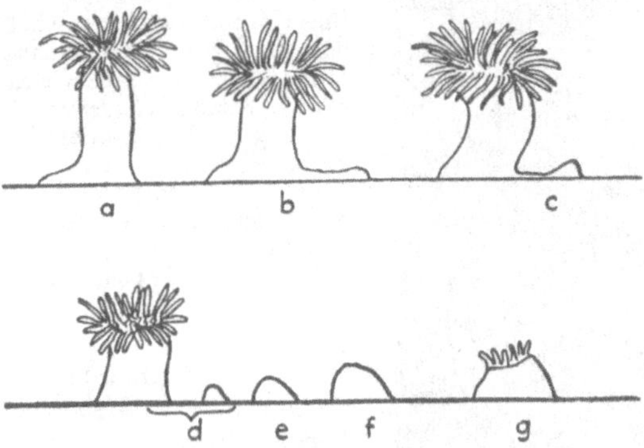

Abb. 58. Laceration bei einer Actinie. a—d Lostrennung eines Stückes der Fußscheibe, das zum jungen Tier heranwächst (e—g). Nach Andres aus Korschelt und Heider

durch Schlagbewegungen der Tentakel schwimmen. Sie vermehren sich häufig ungeschlechtlich durch Querteilung (Abb. 57). *Edwardsia* Quatrefages, Gattung mit zahlreichen Arten, deren Vertreter wurmförmig sind und sich in den weichen Untergrund eingraben. *Peachia* Gosse, in der Nordsee ca. 10 cm Höhe erreichend, die Larvenstadien leben auf Medusen. *Tealia* Gosse, in der Nord- und Ostsee über 20 cm hoch, auf festem Untergrunde lebend. Die Tiere lassen sich gelegentlich durch die Strömung treiben. *Anemonia sulcata* Pennant, mit zahlreichen Zooxanthellen im Entoderm. *Actinia equina* L., auf festem Untergrund, häufig vorkommend, sehr variabel in der Färbung. Vermehrung sehr oft ungeschlechtlich mit Längsteilung. *Halcampa* Gosse, in der Nord- und Ostsee vorkommende Arten sind bis zu 7,5 cm hoch. Statt der Fußscheibe sind die Tiere mit einer Blase versehen, die durch Wasserdruck in den weichen Boden getrieben wird. Das Wasser strömt dabei durch in der Nähe der Blase gelegene Poren ein und aus. *Metridium* Oken, mit bis zu 1000 kurzen Tentakeln. Die Tiere erreichen 20 bis 30 cm Höhe, sind aber Planktonfresser. Die Färbung ist sehr variabel. Ungeschlechtliche Vermehrung durch Laceration und Längsteilung (Abb. 59). *Cereus* Oken, mit im Verhältnis zum Körperdurchmesser sehr breiter und deswegen weit überhängender Mundscheibe und sehr vielen Tentakeln. Zwitter! *Sagartia* Gosse, Gattung mit häufig in der Nordsee vorkommenden Arten. *Adamsia palliata* Bohadsch, bietet ein bekanntes Beispiel für die Symbiose zwischen Einsiedlerkrebsen und Aktinien. *Minyas* Milne Edwards, eine pelagische Aktinie.

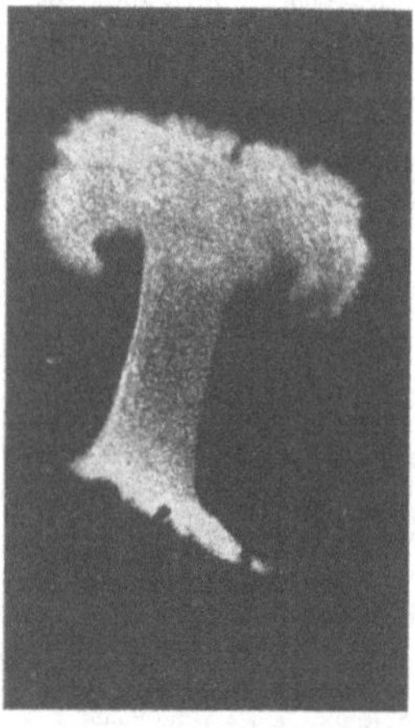

Abb. 59. *Metridium senile* L. Höhe bis 30 cm, Mundscheibendurchmesser bis 20 cm. Nach Pax

2. Ordnung: *Madreporaria,* Steinkorallen

Die *Madreporaria*[1]) oder Steinkorallen sind von über 2000 Arten vertreten und nur im Wasser von bestimmtem, ziemlich hohem Salzgehalt lebensfähig. Daher kommen diese in der Mehrzahl stockbildenden Anthozoen zum Beispiel in der Nordsee nicht vor, und die riesig langen von ihnen im Pazifik gebildeten Riffe werden von den in das Meer mündenden Flüssen unterbrochen. Hinsichtlich der für das Gedeihen notwendigen Temperatur bestehen zwischen den einzelnen Arten große Unterschiede, so daß

[1]) Nach Agassiz von *madarós* (gr.) glatt und *póros* (gr.) Loch. Nach Imperati ist *Madrepora* ein Eigenname und bedeutet so viel wie Mutter der Sterne oder sternförmige Pore.

sich sogar nördlich des Polarkreises Vertreter der Madreporarien finden lassen.

Im Gegensatz zu den Aktinien sind die Madreporarien fast immer auf dem Meeresboden oder anderen, dort vorhandenen Unterlagen festgewachsen. Die bei den Aktinien so kräftig ausgebildete Muskulatur, vor allem der Rumpfwand, und die Mesogloea sind bei den Steinkorallen sehr schwach. Von der Rumpfmuskulatur ist im wesentlichen

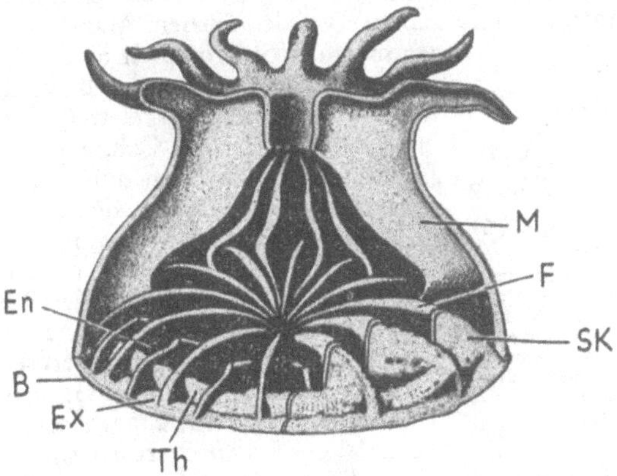

Abb. 60. Seitlicher Einblick in eine vielarmige Steinkoralle. B Basalscheibe; En endothecaler Raum; Ex exothecaler Raum; F Fußscheibe; M Mesenterium; SK Sklerosepte; Th Theca. Nach Pfurtscheller aus Boas

nur der Sphinkter vorhanden, so daß die Kontraktion der Tiere lediglich durch die mesenterialen Muskeln erfolgt.

Festigkeit erhält der Körper durch ein außerordentlich kompaktes Skelett, das aus Kalk in Form von Aragonit besteht. Es wird vom Ektoderm der Fußscheibe gebildet, und seine Entwicklung ist an einem einzeln lebenden Tier am besten zu verstehen. Die Fußscheibe sondert zunächst eine flache, an den Rändern oft leicht aufwärts gebogene Platte, die Basalscheibe, ab (Abb. 60). Die Basalscheibe verdickt sich an sechs radiär gerichteten Streifen, die schließlich als Lamellen in das Innere der Steinkoralle hineinwachsen. Diese kalkigen Wände werden Sklerosepten genannt und drängen die auf ihnen befindlichen Teile der Fußscheibe eingestülpt in den Gastralraum hinein. Nahe ihrem Rande bildet die Basalscheibe einen die Sklerosepten verbindenden Ringwall, den Steinkelch oder die Theca. Außerhalb der Theca befindet sich meist noch ein schmaler Teil des Gastralraumes, so daß, vor allem in Hinblick auf die Koloniebildner, ein exothecaler und ein endothecaler Gastralraum unterschieden werden müssen. Manchmal verwachsen die Sklerosepten in der Mitte, häufig dringt aber von der Basalscheibe her ein selbständiger Skeletteil in Form einer Mittelsäule, der Columella, in die Höhe. Die Säule kann außerdem von vielen radiären Teilchen, den Pali, umgeben sein, wie aus der Abbildung 61 ersichtlich ist. Die Zahl der Sklerosepten steigt mit dem Anwachsen der Mesenterien, aber stets so, daß sich zwischen zwei Mesenterien nur ein Skleroseptum schiebt, während die Mesenterien selbst wie bei den Aktinien paarweise erscheinen. Wie bei den Seerosen sind Richtungsfächer vorhanden, die an den Schmalseiten des abgeflachten Mundrohres ansetzen und den Steinkorallen eine bilateralsymmetrische Ausrichtung geben.

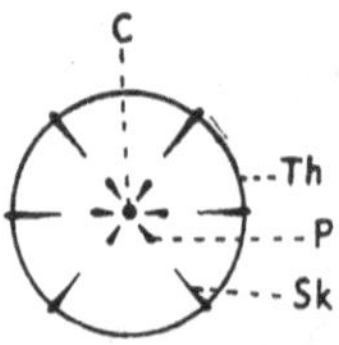

Abb. 61. Schematischer Querschnitt durch das Skelett einer Madreporarie. C Columella; P Pali; Sk Sklerosepten; Th Theca. Nach Hickson aus Pax verändert

Die Tentakel tragen häufig an ihren Enden knopfförmige Verdickungen die aus Nesselorganen bestehen, und können sich wie Handschuhfinger nach innen einstülpen. Dem Schlundrohr fehlen stets die Siphonoglyphen. Dafür ist es auf der ganzen Fläche gleichmäßig bewimpert. Auch Rumpf, Mundscheibe und Tentakel vieler Steinkorallen sind mit Wimpern besetzt. Diese schlagen in Richtung der Basis und reinigen die Tiere von den ständig sich absetzenden Schlamm- und Sandteilchen.

Die *Madreporaria* ernähren sich in allen Fällen nur von tierischen Substanzen. Auf der Körperoberfläche kleinerer

Steinkorallen findet man eine dichte Bewimperung, die der Beförderung von Nahrungspartikeln in Richtung der Tentakelspitzen dient; die Tentakel selbst biegen sich dann zur Mundöffnung. Die Weiterleitung der Nahrung kann aber auch durch auf der Mundscheibe befindliche Wimpern unmittelbar zum Mund erfolgen. Beutefang durch Ergreifen mit Tentakeln ist nur bei großen Arten anzutreffen.

Die Verdauung erfolgt durch die Mesenterialfilamente. Eigenartigerweise werden diese ausgestoßen, wenn ein allzu großes Beutetier nicht in die Gastralhöhle aufgenommen werden kann. Die Verdauung geht in solch einem Fall auch außerhalb des Gastralraumes vor sich. Die in großer Zahl in vielen *Madreporaria* lebenden Zooxanthellen werden von den Steinkorallen nicht verdaut, wie früher angenommen wurde. Ihre biologische Bedeutung für die Polypen besteht vielmehr in der Lieferung von Sauerstoff (Assimilationsfähigkeit) und wahrscheinlich auch in der Aufnahme stickstoffhaltiger Abbauprodukte.

Jede Steinkoralle ist zu geschlechtlicher Fortpflanzung fähig. Neben getrenntgeschlechtlichen kommen zwittrige Arten vor. Die Befruchtung und Entwicklung der Eier verlaufen im Prinzip so wie bei den uns bisher bekannt gewordenen Anthozoen. Die ungeschlechtliche Fortpflanzung, die in Form der Knospung vor sich geht, führt bei den meisten Arten zur Stockbildung, und nur in den Tropen unter Umständen außerdem zur Entstehung ausgedehnter Korallenriffe (Abb. 62).

Bei der Betrachtung einer Steinkorallenkolonie fällt auf, daß riesige Skelettblöcke von einer relativ dünnen Schicht lebenden Gewebes überzogen sind, welches auch zwischen den einzelnen Polypen keine Lücken aufweist. Die Polypen sind nämlich durch ihre extrathecalen Gastralräume miteinander verbunden, deren Ektoderm ebenso wie die Fußscheiben der Polypen ständig Skelettsubstanzen abscheiden. Dadurch nimmt die Höhe des Skelettes dauernd und überall gleichmäßig zu. Die Polypen bewohnen jedoch nur die jeweils oberste Zone ihrer sich ständig verlängernden Steinkelche, da sie von Zeit zu Zeit durch Querböden die basalen Teile abtrennen und zum Absterben bringen.

Bei vielen Steinkorallenarten heben sich die einzelnen Polypenkörper mit den dazugehörenden Tentakelkränzen deutlich voneinander ab, bei einigen Genera aber ist das nicht der Fall. Diese Verschiedenheiten beruhen auf den beiden Arten der Knospung, die man bei den *Madreporaria* feststellen kann.

Abb. 62. Teilansicht des australischen Barriereriffs. Nach France

a) Die übersichtlich gegliederten Kolonien kommen so zustande, daß der aus dem Ei hervorgegangene Einzelpolyp an seiner Basis eine bestimmte Zahl von Knospen bildet. Jede von ihnen vervollständigt sich zu einem Polypen mit eigenem Skelett, bleibt aber mit dem Mutterpolypen durch die extrathecalen Räume verbunden und bringt bald wieder die gleiche Anzahl von Knospen hervor wie der erste Mutterpolyp.

b) Die andere Art der Knospung geht von der Mundscheibe des Mutterpolypen aus und wird als intratentakulare Knospung der eben geschilderten extratentakularen gegenübergestellt. Die Mundscheibe und der darunterliegende Gastralraum nehmen zunächst ovale Form an. In einiger Entfernung von der Mundöffnung bildet später die Mundscheibe durch Einstülpung eine zweite Öffnung. Es kann nun eine Einschnürung der Mundscheibe vor sich gehen, wodurch zwei Mundscheiben entstehen. Die auf solche Weise entstandenen Polypen haben, wenigstens vom Teilungspunkt an, selbständige Skelette. Doch sind diese nicht

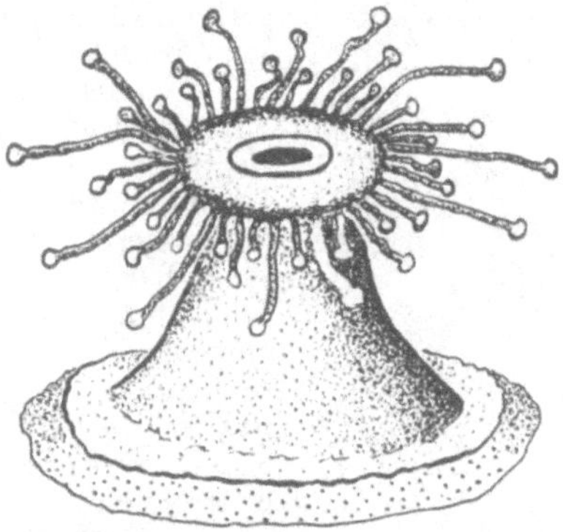

Abb. 63. *Caryophyllia smithi* Stokes, im ausgestreckten Zustand. Das Tier weist ca. 50 geknöpfte Tentakel auf und hat eine Höhe von 4 cm (ohne Tentakel). Aus Pax

vollkommen, da nur die eine Hälfte der Mesenterien des Mutterpolypen auf den Tochterpolypen übergeht und die andere nicht ergänzt wird. Damit bleibt natürlich auch die Zahl der Sklerosepten unvollständig.

Oft unterbleibt aber auch die Einschnürung der Mundscheiben. Dann bilden diese, wenn viele Teilungen eingetreten sind, gewundene Bänder, die auf beiden Seiten von Tentakeln besäumt sind und in der Mitte eine Reihe von Mundöffnungen besitzen. Die Körper der zugehörigen Polypen aber sind seitlich nicht gegeneinander abgegrenzt (Mäanderkorallen, Abb. 66).

Die *Madreporaria* spielen von je eine Rolle in der Gestaltung der Erdoberfläche, wenn auch ihre Bedeutung als Riffbildner früher sehr überschätzt wurde. Sie können an drei Formen von Riffen beteiligt sein. Die Saumriffe befinden sich unmittelbar vor den Küsten und sind von ihnen nur durch schmale Wasserstraßen geschieden. Die Barriereriffe umgeben eine Insel oder sind dem Festland vorgelagert; zwischen ihnen und dem Land befindet sich ein breiter tiefer Wasserstreifen, der Lagunenkanal. Das bekannteste Beispiel hierfür bietet das der Nordostküste Australiens vorgelagerte, über 2000 km lange Barriereriff (Abb. 62). Schließlich kann das Riff einen mehr oder weniger geschlossenen Ring (Atoll) bilden, in dessen Inneren sich eine Wasserfläche, die Lagune, erstreckt.

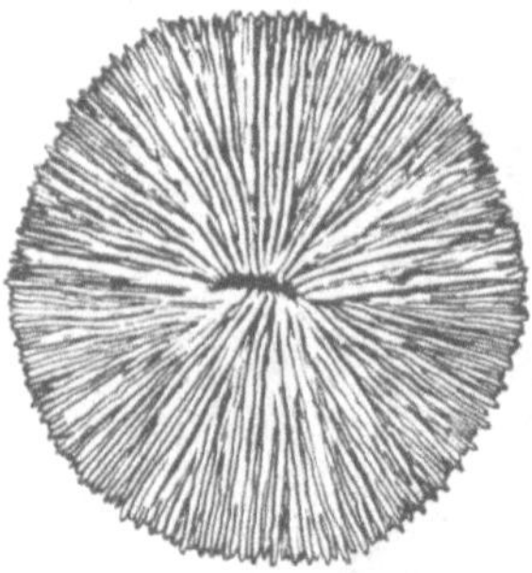

Abb. 64. *Fungia* Milne Edwards und Haime, die Pilzkoralle, in der Aufsicht

Selbstverständlich bauen die *Madreporaria* die Riffe nicht vom Meeresboden her auf, sondern siedeln sich auf Erhöhungen des Bodens an. Oft schafft die Brandung des Meeres mit den Anhäufungen von Kalkresten (Foraminiferen-, Mollusken-, Serpuliden-, Korallenskelette), Schlamm und Sand erst die Voraussetzung für die Ansiedlung von Steinkorallen. Außerdem benutzen die Steinkorallen Bänke, die von anderen Riffbildnern stammen, unter denen die Kalkalgen die wichtigsten sind. Ihres Sauerstoff- und Lichtbedürfnisses wegen sind die Riffkorallen nur bis zu 50 m unter der Wasseroberfläche fähig, Riffe zu bilden. Die Tatsache, daß die Skelette meist in größere Tiefen reichen, hat bereits Darwin mit der Senkung des Meeresbodens erklärt.

Die Korallenriffe geben einer Vielzahl von Tieren aller Klassen Lebensraum und Unterschlupf, z. B. verschiedenen Wurmarten, Schwämmen, Schnecken, Muscheln, Stachelhäutern und Fischen. Im Skelett der Steinkorallen bohren Vertreter der Schwämme, der Muscheln und Stachelhäuter.

Auf den Riffen sind von anderen Anthozoen häufig Orgelkorallen, Gorgonarien und Pennatularien vertreten. Da sowohl die *Madreporaria* selbst wie auch die übrigen Riffbewohner außerordentlich farbenfreudig und abwechslungsreich in der Gestalt sind, bieten die Korallenriffe einen herrlichen Anblick.

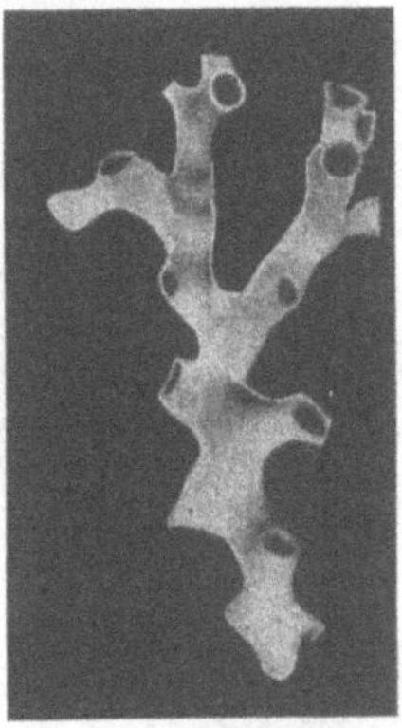

Abb. 65. Teil einer Kolonie von *Amphelia oculata* L., mit weißem Skelett, zooxanthellentrei. Nach Pax

Die Systematik der *Madreporaria* ist sehr problematisch. Die Einteilung wurde bisher, da andere Untersuchungen fehlten, auf Grund des Skelettes vorgenommen. Da selbst die Familiengrenzen unklar sind, sollen nur Gattungen genannt werden.

Immer einzeln lebende Korallen:

Caryophyllia Lamarck, Nelkenkoralle mit becherförmigem Körper und sehr breiter Fußscheibe. In der Nordsee *C. smithi* Stokes mit ca. 50 Tentakeln, in gestrecktem Zustand etwa 4—5 cm hoch (Abb. 63). Oft leben viele Exemplare nebeneinander und täuschen das Vorhandensein einer Kolonie vor.

Flabellum Lesson, meist frei auf dem Boden liegend. 140 Tentakel, ca. 4 cm Durchmesser, Höhe 3—4 cm. Mit einer Art in der Nordsee vertreten.

Fungia Milne Edwards und Haime, Pilzkoralle, Durchmesser von mehr als 20 cm erreichend (Abb. 64). Der Mund ist von außerordentlich vielen Tentakeln umgeben. Bei *Fungia* ist Metagenese festgestellt worden. Aus der Larve entwickelt sich ein Polyp, der sich festsetzt (Trophozooid). Er verbreitert nach Erreichen einer gewissen Höhe den distalen Körperabschnitt, so daß sein Aussehen pilzförmig wird. Der Pilzhut löst sich und wird als freilebende *Fungia* selbständig. Diese ist wieder zu geschlechtlicher Fortpflanzung fähig, während das Trophozooid auf die geschilderte ungeschlechtliche Weise mehrere Male Fungien erzeugen kann, ein Vorgang, der an die Strobilation der Scyphopolypen anklingt.

Koloniebildende Steinkorallen:

Madrepora L. (*Acropora* Oken), ist die häufigste rezente Riffkoralle. Die Stöcke sind lappig oder ästig, seltener massiv. Extratentakulare Knospung. Die Einzelpolypen haben nur 1—3 mm Durchmesser, jedoch können die Kolonien mehrere Quadratmeter Fläche einnehmen. *Lophelia* Milne Edwards und Haime, überall auch in der Nordsee vorkommend. *L. prolifera* Pallas, bildet mit ihren ästigen Kolonien vor allem an der norwegischen Küste Korallenbänke. Die Polypen sind 1—2 cm breit und ebenso hoch. Intratentakulare Knospung. *Amphelia* Milne Edwards u. Haime, *A. oculata* L. (Abb. 65), mit 3—4 mm breiten Polypen und extratentakularer Knospung, ebenfalls in der Nordsee. *Astroides* Quoy und Gaimard, Riffbildner im Mittelmeer. *Porites* Milne Edwards u. Haime, wichtiger Riffbildner. *Diploria* Milne Edwards u. Haime, das Neptunsgehirn und *Maeandra* Oken, sind Vertreter der Mäanderkorallen (Abb. 66).

Abb. 66. Aufsicht auf das Skelett einer mäanderförmigen Koralle

3. Ordnung: *Zoantharia*, Krustenanemonen

Die ca. 300 Arten umfassenden *Zoantharia*[1]) oder Krustenanemonen sind wärmeliebend. Ihr Hauptverbreitungsgebiet ist daher der Indisch-Pazifische Ozean, wo sie, sofern sie Kolonien bilden, zu den typischen Riffbewohnern gehören. Ihr Name rührt von der eigentümlichen Verfestigung der Körperwand her. Die Zoantharien besitzen nämlich in der Regel kein eigenes Skelett, sondern viele Arten nehmen in das Ektoderm, ja sogar in die Mesogloea,

[1]) *zóon* (gr.) Tier, *ánthos* (gr.) Blume.

kalkige Fremdkörper (von Schwämmen und Foraminiferen) und Sandkörner auf. Das Ektoderm ist von einer hornigen Schicht, der Cuticula, überzogen. Eine Unzahl von Kanälen lockert die Mesogloea auf; sie reichen bis zum Entoderm und treten durch die Mesenterien hindurch mit dem Gastralraum in Verbindung. Nie ist eine Fußscheibe entwickelt. Die Tiere haften entweder dem Untergrund fest an, oder sie stecken mit dem keilförmigen Fußende darin. Die Mundscheibe ist von zwei Reihen ganz am Rande stehender Tentakel umgeben, die nie gefiedert sind. Im Schlundrohr befindet sich eine Siphonoglyphe. Sehr charakteristisch ist die Ausstattung des Gastralraumes. Die Mesenterien sind paarig angeordnet, aber nur ein Fach, das ventrale Richtungsfach, wird von zwei vollständigen, also das Schlundrohr erreichenden, Mesenterien begrenzt. Die gegenüberliegenden dorsalen Richtungsmesenterien sind unvollständig. Die übrigen Mesenterienpaare setzen sich aus je einem vollständigen Makro- und einem unvollständigen Mikromesenterium zusammen (Abb. 67). Die Makromesenterien enthalten Filamente und Gonaden, während diese den Mikromesenterien fehlen. Neue Paare werden lediglich in den Fächern zu beiden Seiten des ventralen Richtungsfaches gebildet.

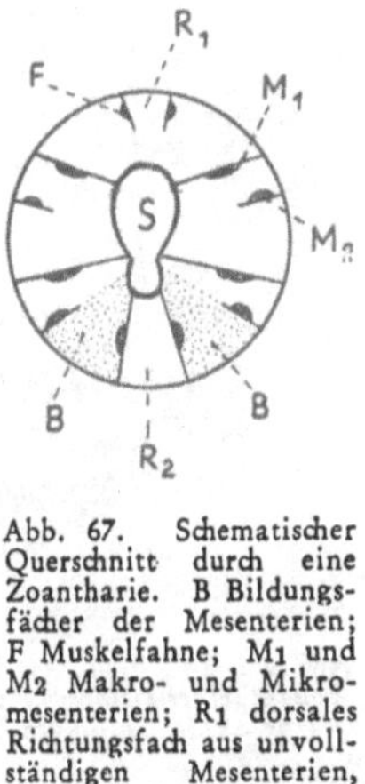

Abb. 67. Schematischer Querschnitt durch eine Zoantharie. B Bildungsfächer der Mesenterien; F Muskelfahne; M1 und M2 Makro- und Mikromesenterien; R1 dorsales Richtungsfach aus unvollständigen Mesenterien, R2 ventrales Richtungsfach aus vollständigen Mesenterien bestehend; S Schlund. Nach Bourne aus Pax

Über die Entwicklungsgeschichte der meist getrenntgeschlechtlichen Zoantharien ist kaum etwas bekannt. Im Gegensatz zu der festsitzenden Lebensweise der erwachsenen Tiere scheinen die Larven über längere Zeit hinweg pelagisch zu leben. Die ungeschlechtliche Knospung führt zur Bildung von Kolonien, die je nach der betreffenden Art wenige oder bis zu mehreren hundert Polypen umfassen können. Die Polypen eines Stockes sind untereinander durch Coenenchym verbunden. Manche Arten scheinen bezüglich ihrer Ansiedlungsmöglichkeit an andere Tiere gebunden zu sein, wie z. B. an den Glasschwamm *Hyalonema* oder an Hydroiden, ohne daß man über die Gründe der Abhängigkeit bisher etwas erfahren konnte. Ebenso unerforscht sind Ernährung, Verdauung und die nähere Bedeutung der vielfach in allen Schichten der Körperwand vorkommenden Zooxanthellen.

Isozoanthus Carlgren, umfaßt solitäre und koloniebildende Arten. In der Nordsee *I. danicus* Carlgren.

Parazoanthus Haddon und Shackleton, nur in Kolonien auftretend.

P. haddoni Carlgren, in der Nordsee.

Isaurus Gray, als Beispiel einer Gattung ohne Krustenbildung.

Abb. 68. Teil eines Zweiges von *Aphanipathes stechowi* Pax. Länge ca. 10 cm. Nach Pax

4. Ordnung: *Antipatharia*, Dörnchenkorallen

Die *Anthipatharia*[1]) oder Dörnchenkorallen kommen mit über 100 Arten nur in den Tropen und Subtropen vor. Sie bilden Kolonien, die fast immer auf dem Meeresgrund festgewachsen sind. Ihre Stöcke können Längen von mehreren Metern erreichen, obwohl die Polypen kaum größere Durchmesser als 1,5 mm aufweisen. Wenn sie nicht durch starke Strömung hindernd beeinflußt werden, verzweigen sich die Stöcke zu langen, oft pflanzenartigen Gebilden (Abb. 68). Die Polypen sind untereinander durch ein Coenenchym verbunden. Gestützt werden sie durch ein gemeinsames Achsenskelett horniger Beschaffenheit, das regelmäßig bedornt und tiefschwarz ist und zu Schmucksachen

[1]) *antí* (gr.) gegen, *páthos* (gr.) Krankheit. Die schwarze Koralle *Antipathes* wurde als Schutzmittel gegen Krankheit und Zauber benutzt.

verarbeitet wird (Abb. 69). Ein Querschnitt durch eine Skelettachse zeigt ihre Schichtung aus konzentrischen Lamellen. Diese sind ektodermaler Herkunft. Der Mund ist von 6 ungefiederten Tentakeln umgeben. Nur bei einer Gattung kommen 8 gefiederte Tentakel vor. Die Mundöffnung selbst erhebt sich kegelförmig über der Mundscheibe und führt in ein kurzes Mundrohr mit schwach ausgeprägten Siphonoglyphen. Die Mesenterien sind nicht paarig angelegt. Immer sind sechs primäre, das Schlundrohr erreichende Mesenterien vorhanden, zu denen vier oder sechs sekundäre treten können (Abb. 70). Nur zwei davon, die seitlichen primären, sind mit Filamenten und Gonaden ausgestattet.

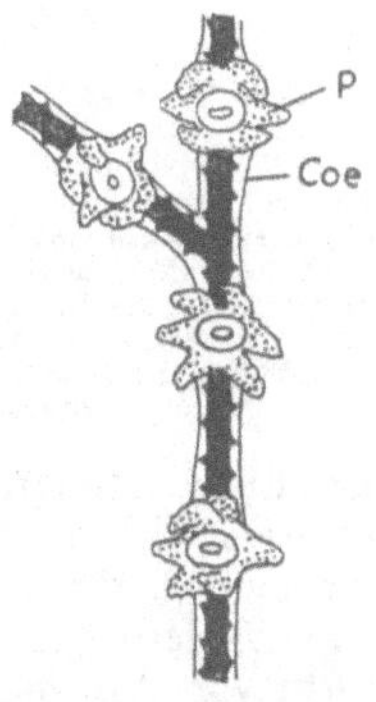

Abb. 69. Teilansicht von *Antipathes rhipidion* Pax. Das bedornte Skelett ist schwarz gezeichnet. Coe Coenenchym; P Polyp. Nach Pax verändert

Die Muskulatur, auch die der Mesenterien, ist schwach entwickelt. Ebenso tritt die Mesogloea in ihrer Ausbildung sehr zurück. Die Nahrungsaufnahme scheint weniger mit Hilfe der Tentakel als durch die Bewimperung der Körperoberfläche zu erfolgen, die zum Munde gerichtete Ströme erzeugt. Demgemäß muß sie sich auf Plankton und Partikel beschränken. Zooxanthellen spielen offenbar auch bei den *Antipatharia* eine gewisse Rolle. Über die Entwicklung der Tiere ist wenig bekannt.

Mit 6 unverzweigten Tentakeln: *Bathypathes arctica* Lütken, auch im Atlantik. Die Kolonien sind strauchartig gewachsen. *Cirripathes spiralis* de Blainville, ebenfalls im Atlantik. Mit 8 gefiederten Tentakeln: *Dendrobrachia* Brook.

5. Ordnung: *Ceriantharia*, Zylinderrosen

Zu den *Ceriantharia*[1]) oder Zylinderrosen gehören ca. 50 Arten, die stets solitär leben. Sie bohren sich mit dem

1) *kerion* (gr.) Wachs, *ánthos* (gr.) Blume.

zugespitzten, mit Poren versehenen Fußende in den Boden ein, und zwar so tief, daß kaum mehr als die Mundscheibe außerhalb des Sandes bleibt. Der Schleim der Körperoberfläche verklebt die umgebenden Sandkörnchen zu einer festen Röhre, in der sich das Tier schnell auf- und abwärts bewegen kann. Der Körper ist langgestreckt. Die Tentakel, deren Zahl sehr beträchtlich sein kann, bilden einen Kreis um den Mund und außerdem eine randständige Gruppe. Das Mundrohr enthält eine Siphonoglyphe. Die zahlreichen Mesenterien sind sämtlich vollständig. Sie erscheinen während der Entwicklungszeit als „Zwillingspaare", d. h. die beiderseits der Richtungsmesenterien sich gegenüberstehenden Mesenterien gehören zusammen (Abb. 71). Ein Skelett kommt bei Cerianthарien nicht vor. Von der Muskulatur sind die Längsmuskeln des Ektoderms besonders kräftig entwickelt. Als sehr beweglich und dehnbar erweisen sich die Tentakel. Sie werden im Umkreis des Tieres ausgebreitet und fangen Kleinlebewesen, wie Copepoden und Hydromedusen. Ungeschlechtliche Vermehrung ist selten. Meist sind die Tiere zwittrig. Die Larven leben planktisch.

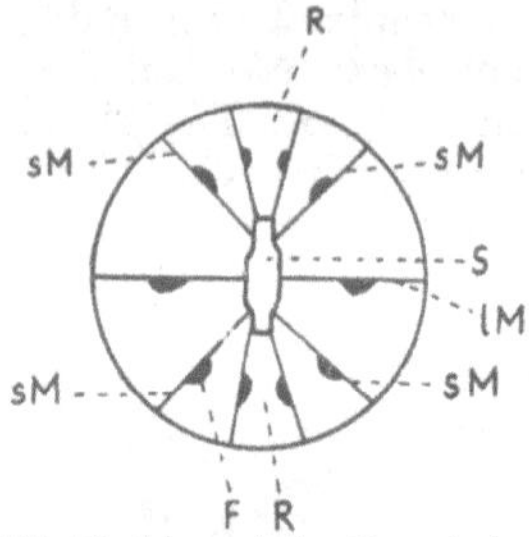

Abb. 70. Schematischer Querschnitt durch eine Antipatharie. F Muskelfahne; lM laterale, primäre Mesenterien, die allein Gonaden und Filamente tragen; R Richtungsfächer; S Schlund; sM sekundäre Mesenterien

Cerianthus Della Chiaje, als bekannteste Gattung. Im Atlantik *C. lloydi* Gosse (Abb. 72b). *Arachnanthus* Carlgren. *Pachycerianthus* Roule (Abb. 72a) und *Botrucnidifer* Carlgren sind mit je einer Art in der Nordsee bzw. im Atlantik vertreten.

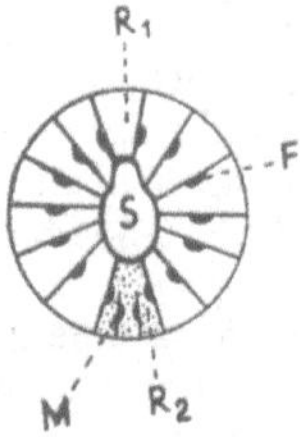

Abb. 71. Schematischer Querschnitt durch eine Ceriantharie. F Muskelfahne; R_1 und R_2 Richtungsfächer. Nur R_2 dient als Bildungsfach und zeigt ein in Neubildung begriffenes Mesenterienpaar (M), das bei Erreichen des Schlundes (S) selbst das Richtungsfach bildet. Nach Pax

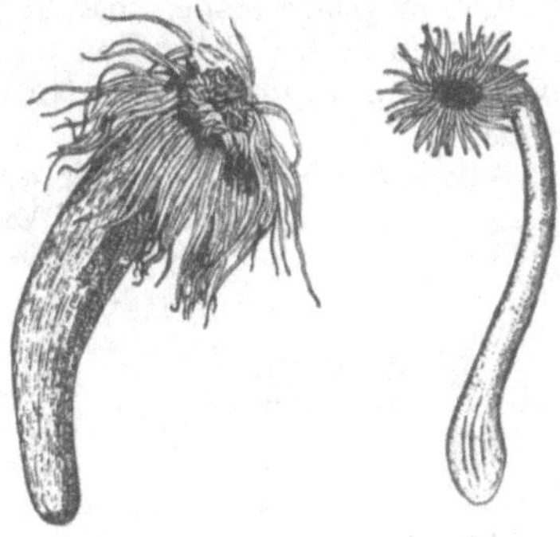

Abb. 72. Zylinderrosen *(Ceriantharia)*. a *Pachycerianthus multiplicatus* Carlgren, Länge ca. 12 cm. b *Cerianthus lloydi* Gosse, Länge ca. 12 cm. Nach Carlgren aus Pax

2. Unterstamm: *Acnidaria*

Klasse: *Ctenophora,* Kamm- oder Rippenquallen

Die *Ctenophora*[1]), Kamm- oder Rippenquallen werden auch als *Collaria*[2]) oder Greifzellentiere bezeichnet, da sie an Stelle der Nesselzellen der *Cnidaria* mit sogenannten Colloblasten oder Greifzellen ausgestattet sind. Die Klasse weist nur 80 Arten auf. Die durchsichtigen und sehr zarten Tiere sind rein marin, leben meist pelagisch, einige aber auch sessil oder sogar kriechend. Die Klasse ist demnach hinsichtlich des Habitus sehr variabel. Nur drei morphologische Merkmale sind allen Tieren gemeinsam: eine mächtig entwickelte mesenchymatische Mittelschicht, ein reich verzweigter Röhrendarm und das Zwittertum. Da sich eine

1) *kteis, ktenós* (gr.) Kamm, *phoréo* (gr.) ich trage.
2) *kólla* (gr.) Leim.

für alle Ctenophoren zutreffende, charakteristische Beschreibung nicht geben läßt, soll der Bau an der schwimmenden, zur Ordnung *Cydippea* gehörenden, *Hormiphora* erläutert werden.

Die Gestalt der *Hormiphora* ist etwa die einer Melone (Abb. 73). Die Rippen, die der Klasse den Namen gegeben haben, verlaufen etwa meridianartig auf dem Ektoderm, beginnen und enden jedoch nicht direkt an den Polen, sondern in einigem Abstand davon. Jede Rippe besteht aus waagerechten, untereinander angeordneten Ruderplättchen, die durch Verwachsung von Wimpern entstehen (bei jungen Tieren sind die einzelnen Wimpern noch zu erkennen). Durch die Bewegung dieses Wimperapparates, Remigium genannt, schwimmt die Ctenophore mit dem Mund voran durch das Wasser. Am Scheitelpol des Tieres liegt in einer ektodermalen Vertiefung das apikale Sinnesorgan, eine Statocyste. Sie besteht aus einem kugeligen Statolithen, der auf vier Wimperfedern ruht. Von den vier Wimperfedern führen vier Flimmerrinnen zu den vier Paar Rippen. Die Statocyste reguliert nachgewiesenerweise die Tätigkeit der Ruderplättchen auf den Rippen.

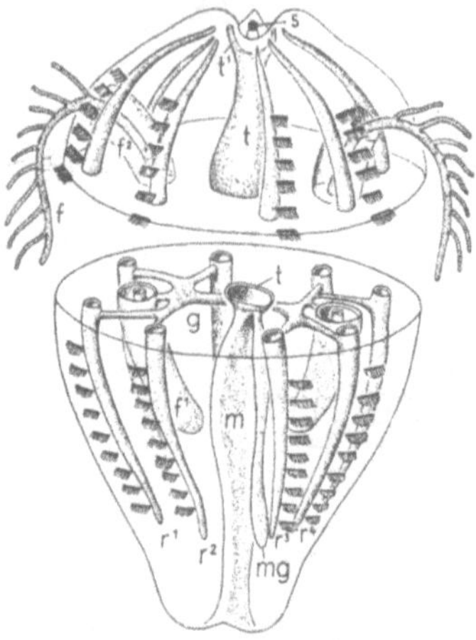

Abb. 73. Schematische Darstellung von *Hormiphora* Agassiz. Das Tier ist durch einen Querschnitt geteilt, um die Verästelungen des Kanalsystems zu zeigen. f Tentakel; f^1 Tentakelwurzel; f^2 Tentakelscheide; g Kanal, der die Rippengefäße abgabelt; m Schlund; mg in Richtung des Mundes zurücklaufender Kanal; r^1—r^4 Rippen mit Ruderplättchenreihen; S apikales Sinnesorgan; t Magen; t^1 zum Scheitelpol führende Äste des Magens.
Nach Hertwig verändert

Hormiphora ist wie die meisten *Ctenophora* mit zwei Tentakeln ausgestattet. Diese entspringen, sich genau gegenüberliegend, auf der aboralen Hälfte des Körpers und sind in zwei ektodermalen Taschen verankert, in die sie sich mit Hilfe eines kontraktilen Achsenfadens zurückziehen können. Die Dehnbarkeit der Tentakel und damit der Fangbereich der räuberischen Ctenophoren sind sehr groß. Das Ektoderm der Tentakel ist mit den für die Ctenophoren typischen Greifzellen (Colloblasten) besetzt (Abb. 74). Jede Colloblaste besteht aus einem glockigen, ein klebriges Sekret absondernden Köpfchen, einem muskulösen Spiral- und einem in der Spirale verlaufenden Zentralfaden. Diese Fäden halten die Klebeglocke am Ektoderm fest, so daß die einmal angeleimte Beute sich nicht losreißen kann. Die Tentakel führen die Beute (kleine Krebse, Medusen, Fischlarven, Schnecken usw.) dem Munde zu. Manche Arten vermögen sogar, die Beute unmittelbar mit dem Munde aufzugreifen. Das stark entwickelte, mit mehreren Schichten von Längs- und Ringmuskulatur versehene Mesenchym liegt direkt unter dem Ektoderm.

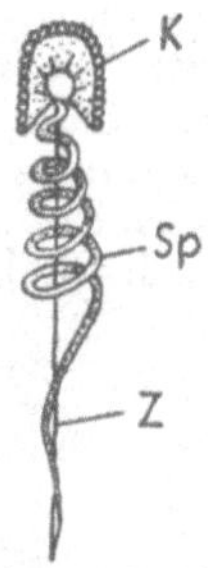

Abb. 74. Schema einer Colloblaste. K Köpfchen der Klebzelle, dessen Oberfläche mit klebrigen Körnern besetzt ist; Sp Spiralfaden; Z Zentralfaden. Nach Komai

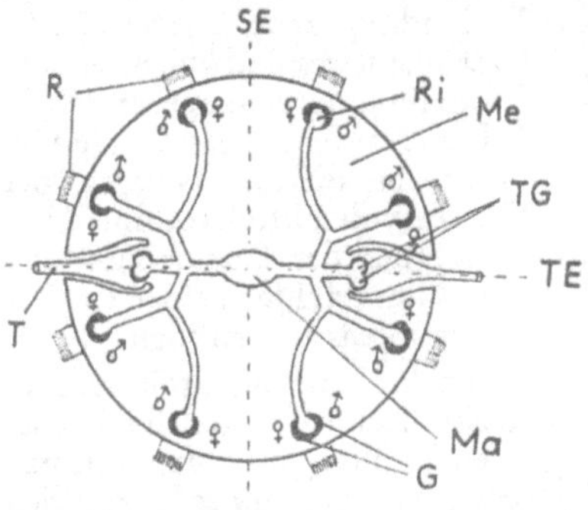

Abb. 75. Querschnitt von *Pleurobrachia* Flemming in Höhe der Mündungen der Tentakelscheiden. G Gonaden; Ma Magen; Me Mesogloea; R Rippen; Ri Rippengefäß; SE Schlundebene; T Tentakel; TE Tentakelebene; TG Tentakelgefäß. Nach Kükenthal verändert

Eine durch den Körper des Tieres gelegte Längsachse verläuft durch die Mundöffnung und den ihr gegenüberliegenden Scheitel (Mund- und Scheitelpol). Der spaltförmige Mund führt in ein ektodermales Schlundrohr. Dieses mündet in den entodermalen Magen, dessen Querachse senkrecht zu der des Schlundrohres steht und von dem vier, meist blind endende, entodermale Verzweigungen abgehen. Zwei dieser Kanäle verlaufen beiderseits des Schlundes in Richtung des Mundes zurück. Zwei weitere gehen waagerecht vom Magen ab und gabeln sich in je vier Rippengefäße, die unter den Rippen verlaufen (Abb. 75). Auch an die Ansatzstellen der Tentakel tritt je ein Gastralgefäß heran. Schließlich führt eine Verlängerung des Magens mit zwei oder vier Ästen zum Scheitelpol, wo das Gastralsystem durch Poren mit der Außenwelt in Verbindung steht. Alle Kanäle des Gastralsystems sind von Ring- und Längsmuskulatur umgeben.

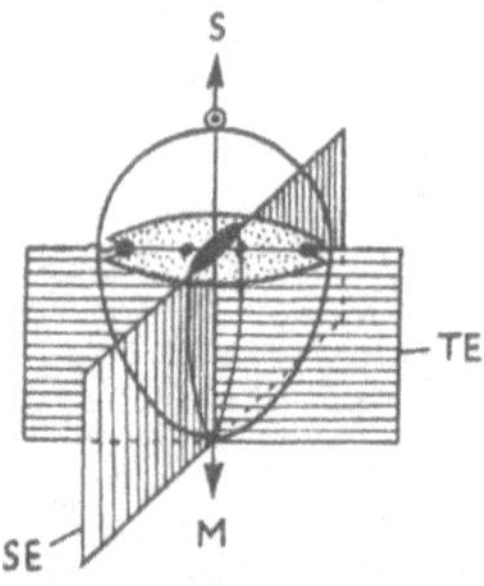

Abb. 76. Schema zur Veranschaulichung der Symmetrieverhältnisse bei Ctenophoren. Durch den Körper verläuft eine Hauptachse, deren Enden Mundpol (M) und Scheitelpol (S) bezeichnen. In der Achse kreuzen sich rechtwinklig die Schlundebene (SE) und die Tentakelebene (TE). Nach Krumbach verändert

Das Nervensystem verläuft in Form eines diffusen Netzes an der Grenze von Ektoderm und Mesenchym. Über den ganzen Körper der Ctenophore sind Sinneszellen verstreut. Zwei Wimperfelder beiderseits der Statocyste dienen vielleicht dem mechanischen Sinn.

Die Nahrung wird schon im Schlundrohr grob verdaut und dann in den übrigen Gastralräumen intrazellulär aufgeschlossen. Unverdautes wird durch die Mundöffnung wieder ausgestoßen. Betrachtet man zusammenfassend den eben geschilderten Bauplan, so kommt man zur Feststellung eigentümlicher Symmetrieverhältnisse (Abb. 76). Ein Schnitt, der durch den Schlund der Ctenophore in der Ebene seiner breiten Achse erfolgt, zerlegt das Tier in zwei gleiche

Hälften, von denen jede je einen Tentakel und vier Rippengefäße enthält. Aber auch ein Schnitt, der senkrecht zur Schlundebene durch beide Tentakeltaschen führt, gliedert das Tier in zwei gleiche Teile. Man bezeichnet daher den Körper der Ctenophore als zweistrahlig symmetrisch (disymmetrisch).

Während der Entwicklung kommen alle Ctenophorenlarven in Gestalt und Bau dem Typus der *Hormiphora* nahe, erfahren dann jedoch wesentliche Änderungen. So steht bei einer Gruppe von Ctenophoren, den *Lobata*, an den beiden Ecken des länglichen Mundes je ein großer, muskulöser Schwimmlappen (Abb. 77). Durch das Schlagen dieser Lappen können die *Lobata*, neben der schon geschilderten Fortbewegung mit Hilfe des Remigiums, mit dem Scheitelpol voran vorwärts treiben. Infolge der Lappenbildung ist die Ausdehnungsfähigkeit des Mundes beschränkt, so daß meist allein die kurzen Tentakel Nahrung wie Molluskenlarven, Kleinkrebse usw. erbeuten. Es sind aber bei verschiedenen Arten der *Lobata* auf dem Körper warzenähnliche Erhebungen vorhanden, die mit Colloblasten bedeckt sind und sich am Nahrungsfang beteiligen. Ihre Beute wird von einer Warze zur anderen in Richtung des Mundes weitergegeben.

Abb. 77. *Bolinopsis infundibulum* O. Müller. Junges Tier, Schwimmlappen erst in der Bildung begriffen. Höhe des Tieres 1 cm. Nach Chun aus Krumbach

Schwimmend bewegen sich die *Cestidae*, Rippenquallen, deren Ctenophorencharakter sich unter einer bandähnlichen Gestalt verbirgt. Ihr Körper ist in der Schlundebene auf Kosten der Tentakelebene stark verlängert (Abb. 78). So liegen Mund- und Scheitelpol in der Mitte eines Bandes. Vom Munde führt je eine Mundrinne bis zu den beiden „seitlichen“ Enden des Körpers. Die zwei kurzen Tentakel sind mit langen Seitenästen versehen und entspringen dicht über dem Mund. Von den Rippen sind nur vier gut ausgebildet, die mit den dazugehörenden Rippengefäßen dicht nebeneinander auf dem aboralen Körperrand verlaufen. Die übrigen vier Rippen sind auf wenige Ruderplättchen reduziert und um die Statocyste herum gruppiert. Die entsprechenden Kanäle ziehen vom Scheitelorgan aus parallel zum Schlund bis zur Körpermitte und von dort aus waagerecht mitten im „Band" bis zu den Seitenrändern.

Schließlich gibt es unter den Rippenquallen noch kriechende und sessile Formen *(Platyctenidea)*, von denen anzunehmen ist, daß sie nur als Ektoparasiten vorkommen.

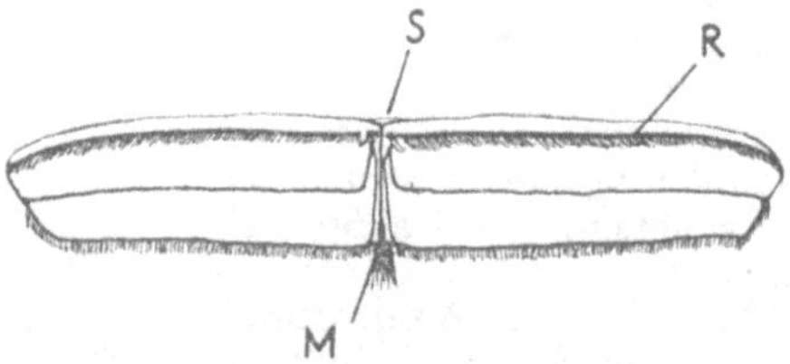

Abb. 78. Junges Tier von *Cestus veneris* Lesueur, ruhig im Wasser schwebend. M Mund; R Rippen; S Scheitelpol. Länge ca. 9 cm. Aus Chun

Dazu gehören in der Längsachse völlig abgeplattete und in der Tentakelebene verlängerte Tiere. Besonders auffällig ist die Umbildung ihres Schlundes zu einem Kriechapparat: der Schlund klafft so weit auseinander, daß seine Wände flach auf dem Untergrund liegen. Mit den Schlundwimpern kriechen solche Arten auf ihren Wirten, wie Krustenalgen und *Octocorallia*, umher.

Fast völlig unbeweglich bleiben die *Tjalfiellidea*, die, in der gleichen Weise wie die *Platyctenidea* abgeplattet, mit dem Mundrand festhaften. Die beiden seitlichen Enden des langausgezogenen Mundfeldes sind aufgerichtet und zu je einer Röhre verwachsen. Aus jeder Röhre ragt ein Tentakel (Abb. 79).

Durch das Fehlen ihrer Tentakel weichen die *Beroidea* von der Ctenophorengrundform ab. Bereits ihren jungen Larven fehlen die Tentakelapparate. Alle *Beroidea* sind dementsprechend gänzlich auf das Verschlingen der Beute angewiesen. Daher ist ihre Mundöffnung sehr groß und ihr Schlund überaus weit und lang sowie mit Häkchen besetzt, die ein Entweichen der Beute verhindern. Der ganze Körper, vor allem die Umgebung des Schlundes, ist stark muskulös. Die Rippengefäße senden unzählige seitliche Verzweigungen aus, die untereinander in Verbindung treten (Abb. 80).

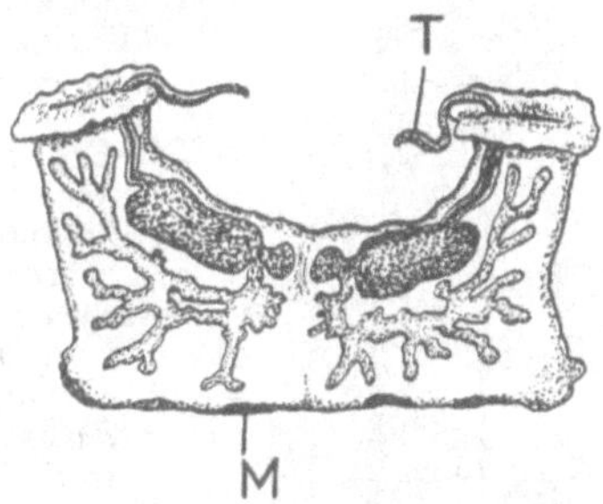

Abb. 79. *Tjalfiella tristoma* Mortensen, eine sessile Ctenophore in Seitenansicht. M auf der Unterlage haftender Teil des Mundrandes; T Tentakel. Nach Mortensen verändert aus Krumbach

Fortpflanzung und Entwicklung: Bei sessilen und kriechenden Rippenquallen ist sowohl ungeschlechtliche als auch geschlechtliche Fortpflanzung möglich, während bei den schwimmenden Formen nur die letzte Art der Vermehrung vorkommt. Die ungeschlechtliche Fortpflanzung erfolgt häufig durch einfache Teilungen, woraufhin die fehlenden Stücke von jedem Tochtertier ergänzt werden. Sehr groß ist auch die Regenerationsfähigkeit von Bruckstücken.

Die Geschlechtsorgane der stets hermaphroditischen Tiere bilden sich im Entoderm der Rippengefäße auf der den Ruderplättchen zugewandten Seite. Jede Gonade besteht aus zwei Längsstreifen, von denen der eine Eier, der andere Spermien erzeugt. Die Anordnung der Streifen wechselt so, daß an zwei benachbarten Rippengefäßen sich stets Gonadenstreifen gleichen Geschlechts gegenüberliegen (Abb. 75). Die Geschlechtsprodukte werden in die Gastralräume entleert und durch den Mund in das umgebende Wasser entlassen, wo dann auch die Befruchtung stattfindet.

Wie bei anderen Coelenteraten (einzelne Siphonophoren und Hydromedusen) tritt auch bei den Rippenquallen Dissogonie auf. Das heißt, die Tiere werden bereits als Larven fortpflanzungsfähig, bilden die Gonaden aber wieder zurück, und erlangen im ausgebildeten Zustand eine nochmalige, endgültige Geschlechtsreife.

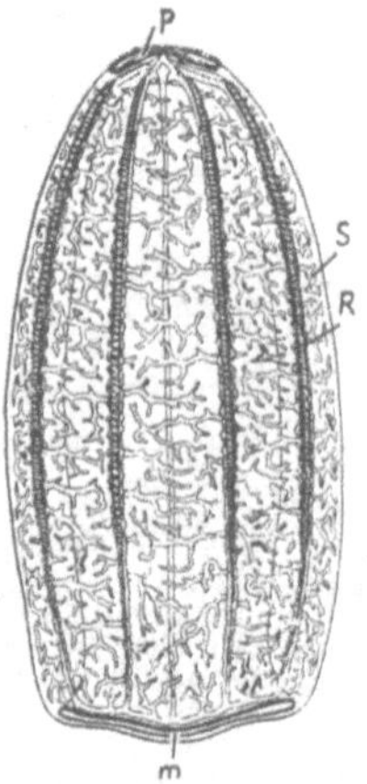

Abb. 80. *Beroë cucumis* F a b r i c i u s. m Mund; P Poren des Gastralsystems; R Rippengefäße; S Seitenverzweigungen der Rippengefäße. Länge des Tieres 6 cm. Nach M a y e r aus K r u m b a c h

1. Unterklasse: *Tentaculifera.*
Mit einem Paar Tentakeln und einem Paar Polplatten.

1. Ordnung: *Cydippea*[1]).
Von meist etwa kugeliger Gestalt. Schlund- und Tentakelebene ungefähr gleich lang.
Pleurobrachia F l e m m i n g, *P. pileus,* O. M ü l l e r, in allen Meeren.
Hormiphora A g a s s i z (Abb. 73).
Bathyctena M o r t e n s e n, als Beispiel einer Tiefseeform.

2. Ordnung: *Lobata*[2]).
Tentakelebene kürzer als Schlundebene. Zwei Schwimmlappen vorhanden.
Bolinopsis A g a s s i z., *B. infundibulum* O. M ü l l e r, in der Nord- und Ostsee (Abb. 77).
Deïopea C h u n, von sehr zartem Körperbau, im Mittelmeer festgestellt.
Leucothea M e r t e n s, mit langen Colloblastenwarzen.

3. Ordnung: *Cestidea*[3]).
Bandähnliche Gestalt, Schlundebene stark verlängert, Tentakelebene sehr kurz.
Cestus L e s u e u r. *C. veneris* L e s u e u r, Venusgürtel, bis 1,5 Meter lang, besitzt Leuchtvermögen (Abb. 78).

[1]) *Cydīppe,* weibliche Gestalt in der griechischen Mythologie.
[2]) *lobatus* (lat.) gelappt.
[3]) *kestós* (gr.) Gürtel.

4. Ordnung: *Platyctenidea*[1]).

Die Schlundebene ist wesentlich kürzer als die Tentakelebene, wodurch die Tiere Scheibenform aufweisen. Sie kriechen mit Hilfe der Schlundbewimperung.

Die Tiere kommen im Indisch-Pazifischen Ozean vor und sind auf Krustenalgen und *Octocorallia* gefunden worden. *Ctenoplana* Korotneff, behält im Gegensatz zu den anderen *Platyctenidea* die Fähigkeit des Schwimmens bei, 5—8 mm Durchmesser.

Coeloplana Kowalewsky, als erwachsenes Tier ohne Ruderplättchen, sehr variabel in der Färbung.

5. Ordnunng: *Tjalfiellidea*[2]).

Sessile Formen, die mit der Mundhöhle der Unterlage anhaften. Erwachsene Tiere ohne Ruderplättchen. *Tjalfiella* Mortensen, mit nur einer Art, 6,5 mm lang (Abb. 79).

2. Unterklasse: *Atentaculata*.

Ohne Tentakel, daher auch *Nuda* genannt.

6. Ordnung: *Beroidea*[3]).

Die Tiere dieser Ordnung erreichen bis zu 20 cm Höhe und besitzen Leuchtvermögen. In der Nordsee *Beroë* Browne, rosa gefärbt (Abb. 80).

---

1) *platýs* (gr.) breit, platt; *kteis, ktenós* (gr.) Kamm.

2) Benannt nach dem Schiff „Tjalfe", von dem im Sommer 1908 im Umanakfjord die sessile Ctenophore entdeckt wurde.

3) *Beröe* Tochter des Adonis und der Aphrodite.

LITERATUR

Arndt, W.: Porifera. In „Die Tierwelt der Nord- und Ostsee". 27. Lfg. Leipzig 1935.

Broch, H.: Hydroida. In „Handbuch der Zoologie (Kükenthal)", 1. Band. Berlin und Leipzig 1923/25.

Chun, C.: Die Ctenophoren des Golfes von Neapel. Leipzig 1880.

Hentschel, E.: Porifera. In „Handbuch der Zoologie (Kükenthal)", 1. Band. Berlin und Leipzig 1923/25.

*Hyman, L. H.: The Invertebrates. 1. Band. New York 1940.

*Kaestner, A.: Lehrbuch der Speziellen Zoologie. Teil 1: Wirbellose. Jena 1954.

Kilian, E. F.: Wasserströmung und Nahrungsaufnahme beim Süßwasserschwamm Ephydatia fluviatilis L. Zeitschr. f. vergl. Physiologie, Band 34. 1952.

Korschelt, E. und Heider, K.: Vergleichende Entwicklungsgeschichte der Tiere, 1. Band. Jena 1936.

Krumbach, Th.: Ctenophora. In „Handbuch der Zoologie (Kükenthal)", 1. Band. Berlin und Leipzig 1923/25.

Krumbach, Th.: Scyphozoa. In „Handbuch der Zoologie (Kükenthal)", 1. Band. Berlin und Leipzig 1923/25.

Kükenthal, W.: Anthozoa, Octocorallia. In „Handbuch der Zoologie (Kükenthal)", 1. Band. Berlin und Leipzig 1923/25.

Leveaux, M.: Contribution à l'étude histologique de l'ovogénèse et de la spermatogénèse des Spongillidae. Annal. Soc. Roy. Zoologique de Belgique. LXXIII, 1942.

Moser, F.: Siphonophora. In „Handbuch der Zoologie (Kükenthal)", 1. Band. Berlin und Leipzig 1923/25.

Pax, F.: Anthozoa, Hexacorallia. In „Handbuch der Zoologie (Kükenthal)", 1. Band. Berlin und Leipzig 1923/25.

Pax, F.: Anthozoa. In „Tierwelt der Nord- und Ostsee". Leipzig 1934.

Pax, F.: Anthozoa. In „Bronns Klassen und Ordnungen des Tierreichs". Leipzig 1940.

*Russell, F. St.: The medusae of the British Isles. Cambridge 1953.

Southward, A. J.: Observations on the ciliary currents of the Jelly-Fish Aurelia aurita L. Journal of the Marine Biological Association of the united Kingdom, Vol. 34, No. 2. Cambridge 1955.

Weitere Literaturhinweise sind den mit * versehenen Werken zu entnehmen.

Namen- und Sachverzeichnis

GESAMTVERZEICHNIS

SAMMLUNG GÖSCHEN

DAS WISSEN DER WELT IN KURZEN KLAREN, ALLGEMEINVERSTÄNDLICHEN EINZELDARSTELLUNGEN NACH DEN LEHRPLÄNEN DER DEUTSCHEN UNIVERSITÄTEN UND HOCHSCHULEN AUFGEBAUT

JEDER BAND DM 2,40

DOPPELBAND DM 4,80

STAND JANUAR 1956

WALTER DE GRUYTER & CO.

BERLIN W 35

INHALTSVERZEICHNIS

Geisteswissenschaften

Philosophie

Einführung in die Philosophie von *H. Leisegang.* 2. Auflage. 145 Seiten. 1953. . . . . Bd. 281

Erkenntnistheorie von *G. Kropp.* 1. Teil: Allgemeine Grundlegung. 143 Seiten. 1950 . . . . Bd. 807

Hauptprobleme der Philosophie von *G. Simmel†.* 7., unveränd. Auflage. 177 Seiten. 1950 . . . . Bd. 500

Geschichte der Philosophie

I: Die griechische Philosophie von *W. Capelle.* 1. Teil. Von Thales bis Leukippos. 2., erweiterte Auflage. 135 Seiten. 1953 . . . . Bd. 857

II: Die griechische Philosophie von *W. Capelle.* 2. Teil. Von der Sophistik bis zum Tode Platons. 2., stark erweiterte Auflage. 144 Seiten 1953 . . . . . Bd. 858

III: Die griechische Philosophie von *W. Capelle.* 3. Teil. Vom Tode Platons bis zur Alten Stoa. 2., stark erweiterte Auflage. 132 Seiten. 1954 . . . . . Bd. 859

IV: Die griechische Philosophie von *W. Capelle.* 4. Teil. Von der Alten Stoa bis zum Eklektizismus im 1. Jahrhundert v. Chr. 2., stark erweiterte Auflage. 132 Seiten. 1954 . . . . Bd. 863

V: Die Philosophie des Mittelalters von *J. Koch.* In Vorbereitung . . . . Bd. 826

VI: Von der Renaissance bis Kant von *K. Schilling.* 234 Seiten. 1954 . . . . Bd. 394/394a

VII: Immanuel Kant von *G. Lehmann.* In Vorbereitung. Bd. 536

VIII: Die Philosophie des 19. Jahrhunderts von *G. Lehmann.* 1. Teil. 151 Seiten. 1953 . . . . Bd. 571

IX: Die Philosophie des 19. Jahrhunderts von *G. Lehmann.* 2. Teil. 168 Seiten. 1953 . . . . Bd. 709

X: Die Philosophie im ersten Drittel des 20. Jahrhunderts von *G. Lehmann.* In Vorbereitung . . . . . . Bd. 845

Die geistige Situation der Zeit (1931) von *K. Jaspers.* 3., unveränderter Abdruck der 1932 bearbeiteten 5. Auflage. 211 Seiten. 1953. Zur Zeit nur Ganzleinen DM 4,80 Bd. 1000

Philosophisches Wörterbuch von *M. Apel †.* 4., unveränderte Auflage. 260 Seiten. 1953 . . . . Bd. 1031

Philosophische Anthropologie von *M. Landmann.* 266 Seiten. 1955 . . . . Bd. 156/156a

Pädagogik · Psychologie · Soziologie

Geschichte der Pädagogik von *H. Weimer.* 11., neubearbeitete und vermehrte Auflage. 176 Seiten. 1954 . . . . Bd. 145

Therapeutische Psychologie. Freud — Adler — Jung von *W. M. Kranefeldt.* Mit einer Einführung von *C. G. Jung.* 2. Auflage. 152 Seiten. 1950 . . . . Bd. 1034

Sozialpsychologie von *P. R. Hofstätter.* 1956. In Vorbereitung Bd. 104/104a

Psychologie des Berufs- und Wirtschaftslebens von *W. Moede.* 1956. In Vorbereitung . . . . Bd. 851

Soziologie. Geschichte und Hauptprobleme von *L. von Wiese.* 5. Auflage. 162 Seiten. 1954 . . . . Bd. 101

Industrie- und Betriebssoziologie von *R. Dahrendorf.* 118 Seiten. 1956 . . . . Bd. 103

Religionswissenschaften

Jesus von *M. Dibelius †*. 2. Auflage. Unveränderter Nachdruck. 137 Seiten. 1949 . . . . Bd. 1130

Paulus von *M. Dibelius †*. Nach dem Tode des Verfassers herausgegeben und zu Ende geführt von *W. G. Kümmel*. 2. Auflage. 155 Seiten. 1956 . . . . Bd. 1160

Musik

Musikästhetik von *H. J. Moser*. 180 Seiten. 1953 . . . . Bd. 344

Systematische Modulation von *R. Henried*. 2. Auflage. 136 Seiten. 1950 . . . . Bd. 1094

Der polyphone Satz von *E. Pepping*. 1. Teil: Der cantus-firmus-Satz. 2. Auflage. 223 Seiten. 1950 . . . . Bd. 1148

Harmonielehre von *H. J. Moser*.
I: 109 Seiten. 1954 . . . . Bd. 809

Technik der deutschen Gesangskunst von *H. J. Moser*. Dritte, durchges. u. verbesserte Auflage. 144 Seiten mit 5 Fig. 1954 . . . . Bd. 576/576a

Die Kunst des Dirigierens von *H. W. von Waltershausen †*. 2. Auflage. 138 Seiten. 1954 . . . . Bd. 1147

Die Technik des Klavierspiels aus dem Geiste des musikalischen Kunstwerkes von *K. Schubert †*. 3. Auflage. 110 Seiten. 1954 . . . . Bd. 1045

Die Musik des 19. Jahrhunderts von *W. Oehlmann*. 180 Seiten. 1953 . . . . Bd. 170

Allgemeine Musiklehre von *H. J. Moser*.
2., durchges. Auflage. 155 Seiten. 1955 . . . . . Bd. 220/220a

Kunst

Stilkunde von *H. Weigert*.
I: Vorzeit, Antike, Mittelalter. 2. Auflage. 136 Seiten. Mit 94 Abbildungen. 1953 . . . . Bd. 80
II: Spätmittelalter und Neuzeit. 2. Auflage. 146 Seiten. Mit 84 Abbildungen. 1953 . . . . Bd. 781

Archäologie von *A. Rumpf*.
I: Einleitung, historischer Überblick. 143 Seiten mit 6 Abbildungen im Text und 12 Tafeln. 1953 . . . . . Bd. 538
II: Die Archäologensprache. Die antiken Reproduktionen. 136 Seiten mit 7 Abbildungen im Text und 12 Tafeln. 1956 . . . . Bd. 539

Geschichte

Einführung in die Geschichtswissenschaft von *P. Kirn*. 2. Auflage. 121 Seiten. 1952 . . . . Bd. 270

Kultur der Urzeit von *F. Behn*. 4. Auflage der „Kultur der Urzeit". Band I—III von *M. Hoernes*.
I: Die vormetallischen Kulturen. (Die Steinzeiten Europas. Gleichartige Kulturen in anderen Erdteilen). 172 Seiten mit 48 Abbildungen. 1950 . . . . Bd. 564
II: Die älteren Metallkulturen. (Der Beginn der Metallbenutzung. Kupfer- und Bronzezeit in Europa, im Orient und in Amerika). 160 Seiten mit 67 Abbildungen. 1950 Bd. 565
III: Die jüngeren Metallkulturen. (Das Eisen als Kulturmetall. Hallstatt-Latène-Kultur in Europa. Das erste

Auftreten des Eisens in den anderen Erdteilen). 149 Seiten mit 60 Abbildungen. 1950 . . . . Bd. 566

Vorgeschichte Europas von *F. Behn*. Völlig neue Bearbeitung der 7. Auflage der „Urgeschichte der Menschheit" von *M. Hoernes*. 125 Seiten mit 47 Abbildungen. 1949 . . Bd. 42

Von den Karolingern zu den Staufern von *J. Haller*. Die altdeutsche Kaiserzeit (900—1250). 3. Auflage. 141 Seiten mit 4 Karten. 1944 . . . . Bd. 1065

Deutsche Geschichte im Zeitalter der Reformation, der Gegenreformation und des 30jährigen Krieges von *F. Hartung*. 129 Seiten. 1951 . . . . Bd. 1105

Deutsche Geschichte von 1648 bis zur Gegenwart von *W. Treue* (4 Bände). In Vorbereitung . . . . Bd. 35

Quellenkunde der deutschen Geschichte im Mittelalter (bis zur Mitte des 15. Jahrhunderts) von *K. Jacob †*.
- I: Einleitung. Allgemeiner Teil. Die Zeit der Karolinger. 5. Auflage. 118 Seiten. 1949 . . . . Bd. 279
- II: Die Kaiserzeit (911—1250). 4. Auflage. 127 Seiten. 1949 . . . . Bd. 280
- III: Das Spätmittelalter (vom Interregnum bis 1500). Unter Verwendung der Hinterlassenschaft herausgegeben von *F. Weden*. 152 Seiten. 1952 . . . . Bd. 284

Badische Geschichte von *A. Krieger*. 137 Seiten. 1921 . . . Bd. 230

Geschichte Englands von *H. Preller*.
- I: bis 1815. 3., stark umgearbeitete Auflage. 135 Seiten mit 7 Stammtafeln und 2 Karten im Text. 1952. . . . Bd. 375
- II: von 1815 bis 1910. 2., völlig umgearb. Auflage. 118 S. mit 1 Stammtafel und 7 Karten im Text. 1954 . . Bd. 1088

Geschichte der Vereinigten Staaten von Amerika von *O. Graf zu Stolberg-Wernigerode*. 192 Seiten mit 10 Karten im Text. 1956. . . . . Bd. 1051 / 1051 a

Deutsche Sprache und Literatur

Deutsches Rechtschreibungswörterbuch von *M. Gottschald*. 2., verbesserte Auflage. 269 Seiten. 1953 . . . . Bd. 200 / 200a

Deutsche Wortkunde von *A. Schirmer*. Eine kulturgeschichtliche Betrachtung des deutschen Wortschatzes. 3., durchgesehene Auflage. 109 Seiten. 1949 . . . . Bd. 929

Deutsche Sprachlehre von *W. Hofstaetter*. 9., neubearbeitete Auflage von *G. Spree*. 144 Seiten. 1953 . . . . Bd. 20

Stimmkunde für Beruf, Kunst und Heilzwecke von *H. Biehle*. 111 Seiten. 1955 . . . . Bd. 60

Redetechnik von *H. Biehle*. Einführung in die Rhetorik. 115 Seiten. 1954 . . . . Bd. 61

Sprechen und Sprachpflege von *H. Feist*. (Die Kunst des Sprechens). 2., verbesserte Auflage. 99 Seiten mit 25 Abbildungen. 1952 . . . . Bd. 1122

Der Nibelunge Nôt in Auswahl mit kurzem Wörterbuch von *K. Langosch*. 9., umgearbeitete Auflage. 164 Seiten. 1953 Bd. 1

Deutsches Dichten und Denken von der germanischen bis zur staufischen Zeit von *H. Naumann*. (Deutsche Literaturgeschichte vom 5.—13. Jahrhundert). 2., verbesserte Auflage. 166 Seiten. 1952 . . . . Bd. 1121

Deutsches Dichten und Denken vom Mittelalter zur Neuzeit von *G. Müller* (1270—1700). 2., durchgesehene Auflage. 159 Seiten. 1949 . . . . Bd. 1086

Die deutschen Personennamen von *M. Gottschald*. 2., verbesserte Auflage. 151 Seiten. 1955 . . . . Bd. 422
Althochdeutsches Elementarbuch von *H. Naumann †* und *W. Betz*. 2. Auflage. 156 Seiten. 1954. . . . . Bd. 1111
Mittelhochdeutsche Grammatik von *H. de Boor* und *R. Wisniewski*. 139 Seiten. 1956 . . . . Bd. 1108

Indogermanisch · Germanisch

Gotisches Elementarbuch von *H. Hempel*. Grammatik, Texte mit Übersetzung und Erläuterungen. 2., umgearbeitete Auflage. 165 Seiten. 1953 . . . . Bd. 79
Germanische Sprachwissenschaft von *H. Krahe*.
I: Einleitung und Lautlehre. 3. Auflage. In Vorbereitung Bd. 238
II: Formenlehre. 2. Auflage. 140 Seiten .1948 . . . . . . Bd. 780
Altnordisches Elementarbuch von *F. Ranke*. Schrifttum, Sprache, Texte mit Übersetzung und Wörterbuch. 2., durchgesehene Auflage. 146 Seiten. 1949 . . . . Bd. 1115

Englisch · Französisch · Italienisch

Altenglisches Elementarbuch von *M. Lehnert*. Einführung, Grammatik, Texte mit Übersetzung und Wörterbuch. 3., verbesserte Auflage. 178 Seiten. 1955 . . . . Bd. 1125
Historische neuenglische Laut- und Formenlehre von *E. Ekwall*. 3., durchgesehene Auflage. 150 Seiten. 1956 . . Bd. 735
Englische Literaturgeschichte.
I: Die alt- und mittelenglische Periode von *F. Schubel*. 163 Seiten. 1954 . . . . Bd. 1114
II: Von der Renaissance bis zur Aufklärung von *Paul Meissner †*. 139 Seiten. 1937 . . . . Bd. 1116
III: Romantik und Viktorianismus von *Paul Meissner †*. 150 Seiten. 1938 . . . . Bd. 1124
IV: Das 20. Jahrhundert von *Paul Meissner †*. 150 Seiten. 1939 . . . . Bd. 1136
Beowulf von *M. Lehnert*. Eine Auswahl mit Einführung, teilweiser Übersetzung, Anmerkungen und etymologischem Wörterbuch. 2., verbesserte Auflage. 135 Seiten. 1949 Bd. 1135
Shakespeare von *P. Meissner †*. 2. Auflage, neubearbeitet von *M. Lehnert*. 136 Seiten. 1954 . . . . Bd. 1142
Romanische Sprachwissenschaft von *H. Lausberg*.
I: Einleitung und Vokalismus. 160 Seiten. 1956 . . Bd. 128/128a
II: Konsonantismus. 95 Seiten. 1956 . . . . Bd. 250
Italienische Literaturgeschichte von *K. Vossler †*. Unveränderter Nachdruck der 1927 erschienenen 4., durchgesehenen und verbesserten Auflage. 148 Seiten. 1948 Bd. 125

Griechisch · Lateinisch

Griechische Sprachwissenschaft von *W. Brandenstein*.
I: Einleitung, Lautsystem, Etymologie. 160 Seiten. 1954 Bd. 117
II: In Vorbereitung . . . . Bd. 118
Geschichte der griechischen Sprache
I: Bis zum Ausgang der klassischen Zeit. Von *O. Hoffmann †*. 3., umgearbeitete Auflage von *A. Debrunner*. 156 Seiten. 1954 . . . . Bd. 111
II: Grundfragen und Grundzüge d. nachklass. Griechisch. Von *A. Debrunner*. 144 Seiten. 1954 . . . . Bd. 114

Geschichte der griechischen Literatur von *W. Nestle*. 2., verbesserte Auflage.
I: Von den Anfängen bis auf Alexander d. Gr. 148 Seiten. 1950 . . . . Bd. 70
II: Von Alexander d. Gr. bis zum Ausgang der Antike. 128 Seiten. 1948 . . . . Bd. 557

Geschichte der lateinischen Sprache von *F. Stolz †*. 3., stark umgearbeitete Auflage von *A. Debrunner*. 136 Seiten. 1953 . . . . Bd. 492

Hebräisch · Sanskrit · Russisch

Hebräische Grammatik von *G. Beer †*. 2., völlig neubearbeitete Auflage von *R. Meyer*.
I: Schrift-, Laut- und Formenlehre I. 157 Seiten. 1952. Bd. 763/763a
II: Schrift-, Laut- und Formenlehre II. 195 Seiten. 1955 . . . . Bd. 764/764a

Sanskrit-Grammatik von *M. Mayrhofer*. 89 Seiten. 1953 . . Bd. 1158

Russische Grammatik von *G. Berneker*. 6., unveränderte Auflage von *M. Vasmer*. 155 Seiten. 1947 . . . . Bd. 66

Erd- und Länderkunde

Afrika von *F. Jaeger*. Ein geographischer Überblick. 2., umgearbeitete Auflage.
I: Der Lebensraum. 179 Seiten mit 18 Abbildungen. 1954 Bd. 910
II: Mensch und Kultur. 155 Seiten mit 6 Abbildungen. 1954 Bd. 911

Iberoamerika von *O. Quelle*. In Vorbereitung . . . . Bd. 856

Australien und Ozeanien von *H. J. Krug*. 176 Seiten mit 46 Skizzen. 1953 . . . . Bd. 319

Kartenkunde von *M. Eckert-Greifendorff †*. 3., durchgesehene Auflage von *W. Kleffner*. 149 Seiten mit 63 Abb. 1950 Bd. 30

Volkswirtschaft · Publizistik

Allgemeine Betriebswirtschaftslehre von *K. Mellerowicz*. 9., unveränderte Auflage. 1956.
I: 142 Seiten . . . . Bd. 1008
II: 112 Seiten. . . . . Bd. 1153
III: 143 Seiten. . . . . Bd. 1154

Allgemeine Volkswirtschaftslehre von *A. Paulsen*.
I: Grundlegung, Wirtschaftskreislauf. 138 Seiten mit 11 Abbildungen. 1956. . . . . Bd. 1169
II: Haushalte, Unternehmungen, Marktformen. In Vorbereitung . . . . Bd. 1170
III: Produktionsfaktoren, Geldwesen. In Vorbereitung . . Bd. 1171
IV: Konjunktur, Außenhandel, staatliche Aktivität. In Vorbereitung . . . . Bd. 1172

Zeitungslehre von *E. Dovifat*. 3., neubearbeitete Auflage. 1955.
I: Theoretische und rechtliche Grundlagen, Nachricht und Meinung, Sprache und Form. 148 Seiten. 1955 . . . . Bd. 1039
II: Redaktion, Die Sparten, Verlag und Vertrieb, Wirtschaft und Technik, Sicherung der öffentlichen Aufgabe. 158 Seiten. 1955 . . . . Bd. 1040

Naturwissenschaften

Mathematik

Geschichte der Mathematik von *J. E. Hofmann.*
I: Von den Anfängen bis zum Auftreten von Fermat und Descartes. 200 Seiten. 1953 . . . . Bd. 226

Mathematische Formelsammlung von *F. Ringleb.* Vollständig umgearbeitete Neuausgabe des Werkes von *O. Th. Bürklen.* 6., durchgesehene Aufl. 274 Seiten mit 57 Figuren. 1956. In Vorbereitung . . . . Bd. 51

Fünfstellige Logarithmen von *A. Adler.* Mit mehreren graphischen Rechentafeln und häufig vorkommenden Zahlwerten. 2. Auflage. Neudruck. 127 Seiten mit 1 Tafel. 1949 . . . . Bd. 423

Höhere Algebra von *H. Hasse.* 3., verbesserte Auflage.
I: Lineare Gleichungen. 152 Seiten. 1951 . . . . Bd. 931
II: Gleichungen höheren Grades. 158 Seiten mit 5 Figuren. 1951 . . . . Bd. 932

Aufgabensammlung zur höheren Algebra von *H. Hasse* und *W. Klobe.* 2., verbesserte und vermehrte Auflage. 181 Seiten. 1952 . . . . Bd. 1082

Elementare und klassische Algebra vom modernen Standpunkt von *W. Krull.* 2., erweiterte Auflage.
I: 136 Seiten. 1952 . . . . Bd. 930

Einführung in die Zahlentheorie von *A. Scholz †.* 2. Auflage, überarbeitet von *B. Schoeneberg.* 128 Seiten. 1955 . . . Bd. 1131

Elemente der Funktionentheorie von *K. Knopp.* 4. Auflage. 144 Seiten mit 23 Fig. 1955 . . . . Bd. 1109

Funktionentheorie von *K. Knopp.* 8. Auflage.
I: Grundlagen der allgemeinen Theorie der analytischen Funktionen. 139 Seiten mit 8 Fig. 1955 . . . . Bd. 668
II: Anwendungen und Weiterführung der allgemeinen Theorie. 130 Seiten mit 7 Fig. 1955 . . . . Bd. 703

Aufgabensammlung zur Funktionentheorie von *K. Knopp.* 4. Auflage.
I: Aufgaben zur elementaren Funktionentheorie. 135 Seiten. 1949 . . . . Bd. 877
II: Aufgaben zur höheren Funktionentheorie. 151 Seiten. 1949 . . . . Bd. 878

Repetitorium und Aufgabensammlung zur Differentialrechnung von *A. Witting †.* 2., neubearbeitete Auflage. Durchgesehener Neudruck. 145 Seiten. 1949 . . . . Bd. 146

Repetitorium und Aufgabensammlung zur Integralrechnung von *A. Witting †.* 2., neubearbeitete Auflage. Durchgesehener Neudruck. 121 Seiten mit 32 Figuren und 309 Beispielen. 1949 . . . . Bd. 147

Gewöhnliche Differentialgleichungen von *G. Hoheisel.* 4., neubearbeitete Auflage. 129 Seiten. 1951 . . . . Bd. 920

Partielle Differentialgleichungen von *G. Hoheisel.* 3., neubearbeitete Auflage. 130 Seiten. 1953 . . . . Bd. 1003

Aufgabensammlung zu den gewöhnlichen und partiellen Differentialgleichungen von *G. Hoheisel.* 2., umgearbeitete Auflage. 124 Seiten. 1952 . . . . Bd. 1059

Mengenlehre von *E. Kamke*, 3., neubearbeitete Auflage. 194 Seiten mit 6 Figuren. 1955 . . . . Bd. 999/999a

Darstellende Geometrie von *W. Haack.*

I: Die wichtigsten Darstellungsmethoden. Grund- und Aufriß ebenflächiger Körper. 110 Seiten mit 117 Abbildungen. 1954 . . . . Bd. 142

II: Körper mit krummen Begrenzungsflächen. Kotierte Projektionen. 129 Seiten mit 86 Abbildungen. 1954 . . Bd. 143

III: Axonometrie. Perspektive. Photogrammetrie. In Vorbereitung . . . . Bd. 144

Sammlung von Aufgaben und Beispielen zur analytischen Geometrie der Ebene von *R. Haussner †.* Mit den vollständigen Lösungen. 139 Seiten mit 22 Figuren im Text. Neudruck. 1949 . . . . Bd. 256

Nichteuklidische Geometrie von *R. Baldus †.* Hyperbolische Geometrie der Ebene. 3., verbesserte Auflage, durchgesehen und herausgegeben von *F. Löbell.* 140 Seiten mit 70 Figuren im Text. 1953 . . . . Bd. 970

Differentialgeometrie von *K. Strubecker* (früher Rothe).

I: Kurventheorie der Ebene und des Raumes. 150 Seiten mit 18 Figuren. 1955 . . . . Bd. 1113/1113a

Einführung in die konforme Abbildung von *L. Bieberbach.* 4. Auflage. 147 Seiten mit 42 Zeichnungen. 1949 . . . Bd. 768

Vektoranalysis von *S. Valentiner.* Neudruck der 7. Auflage (1950). 138 Seiten mit 19 Figuren. 1954 . . . . . . Bd. 354

Vermessungskunde von *P. Werkmeister.*

I: Stückmessung und Nivellieren. 9. Auflage. 165 Seiten mit 145 Figuren. 1949 . . . . Bd. 468

II: Messung von Horizontalwinkeln. Festlegung von Punkten im Koordinatensystem. Absteckungen. 7. Auflage. 151 Seiten mit 93 Figuren. 1949 . . . . Bd. 469

III: Trigonometrische und barometrische Höhenmessung. Tachymetrie und Topographie. 6. Auflage. 147 Seiten mit 64 Figuren. 1949 . . . . Bd. 862

Versicherungsmathematik von *F. Böhm.*

I: Elemente der Versicherungsrechnung. 3., vermehrte und verbesserte Auflage. Durchgesehener Neudruck. 151 Seiten. 1954 . . . . Bd. 180

II: Lebensversicherungsmathematik. Einführung in die technischen Grundlagen der Sozialversicherung. 2., verbesserte Auflage. 205 Seiten. 1953 . . . . Bd. 917/917a

Physik

Einführung in die theoretische Physik von *W. Döring.*

I: Mechanik. 119 Seiten mit 29 Abbildungen. 1954 . . Bd. 76

II: Das elektromagnetische Feld. 123 Seiten mit 15 Abbildungen. 1955 . . . . Bd. 77

III: Optik. 117 Seiten mit 32 Abbildungen. 1956 . . . . Bd. 78

IV: Thermodynamik. Mit 9 Abbildungen. In Vorbereitung Bd. 374

Atomphysik von *K. Bechert* u. *Ch. Gerthsen.* 3., umgearb. Aufl.

I: Allgemeine Grundlagen. I. Teil von *Ch. Gerthsen.* 123 Seiten mit 35 Abbildungen. 1955 . . . . Bd. 1009

II: Allgemeine Grundlagen. II. Teil von *Ch. Gerthsen.* 112 Seiten mit 48 Abbildungen. 1955 . . . . Bd. 1033

III: Theorie des Atombaus. I. Teil von *K. Bechert.* 148 Seiten mit 16 Abbildungen. 1954 . . . . . Bd. 1123/1123a

IV: Theorie des Atombaus. 2. Teil von *K. Bechert.* 170 Seiten mit 14 Abbildungen. 1954 . . . . Bd. 1165/1165a

Differentialgleichungen der Physik von *F. Sauter*. 2. Auflage. 148 Seiten mit 16 Figuren. 1950 . . . . Bd. 1070

Physikalische Formelsammlung von *G. Mahler* und *K. Mahler*. 9., durchgesehene Auflage. 153 Seiten mit 69 Figuren. 1955 . . . . Bd. 136

Physikalische Aufgabensammlung von *G. Mahler* u. *K. Mahler*. Mit den Ergebnissen. 8., durchgesehene Auflage. 127 Seiten. 1955 . . . . Bd. 243

Chemie

Geschichte der Chemie von *G. Lockemann*. In kurzgefaßter Darstellung.

I: Vom Altertum bis zur Entdeckung des Sauerstoffs. 142 Seiten mit 8 Bildnissen. 1950 . . . . Bd. 264

II: Von der Entdeckung des Sauerstoffs bis zur Gegenwart. 151 Seiten mit 16 Bildnissen. 1955 . . . . Bd. 265/265a

Anorganische Chemie von *W. Klemm*. 8. Auflage. 184 Seiten mit 18 Abbildungen. 1954 . . . . Bd. 37

Organische Chemie von *W. Schlenk*. 6., erweiterte Auflage. 263 Seiten. 1954 . . . . Bd. 38/38a

Allgemeine und physikalische Chemie von *W. Schulze*. 4., neubearbeitete Auflage.

I: 139 Seiten mit 10 Figuren. 1955 . . . . Bd. 71

II: 177 Seiten mit 37 Figuren. 1956 . . . . Bd. 698/698a

III: 1956. In Vorbereitung . . . . Bd. 786

Analytische Chemie von *J. Hoppe*. 5., verbesserte Auflage.

I: Reaktionen. 135 Seiten. 1950 . . . . Bd. 247

II: Gang der qualitativen Analyse. 166 Seiten. 1950 . . Bd. 248

Maßanalyse von *G. Jander* und *K. J. Jahr*. Theorie und Praxis der klassischen und der elektrochemischen Titrierverfahren. 7. Auflage.

I: Grundlagen. Oxydations- und Reduktionsanalysen. In Vorbereitung . . . . Bd. 221

II: Neutralisations- und Fällungsanalysen. In Vorbereitung Bd. 1002

III: Komplexometrie. Konduktometrie. Potentiometrie. In Vorbereitung . . . . Bd. 1004

Thermochemie von *W. A. Roth*. 2., verbesserte Auflage. 109 Seiten mit 16 Figuren. 1952 . . . . Bd. 1057

Physikalisch-chemische Rechenaufgaben von *E. Asmus*. 2. Auflage. 96 Seiten. 1949 . . . . Bd. 445

Stöchiometrische Aufgabensammlung von *W. Bahrdt* und *R. Scheer*. Mit den Ergebnissen. 5., verbesserte Auflage. 120 Seiten. 1952 . . . . Bd. 452

Elektrochemie und ihre physikalisch-chemischen Grundlagen von *A. Dassler*.

I: 149 Seiten mit 21 Abbildungen. 1950. . . . . Bd. 252

II: 178 Seiten mit 17 Abbildungen. 1950. . . . . Bd. 253

Technologie

Warenkunde von *K. Hassak†* und *E. Beutel†*. 7. Auflage. Neubearbeitet von *A. Kutzelnigg*.

I: Anorganische Waren sowie Kohle und Erdöl. 116 Seiten mit 19 Figuren. 1947 . . . . Bd. 222

II: Organische Waren. 143 Seiten mit 32 Figuren. 1949 . Bd. 223

Die Fette und Öle von *K. Braun†*. 5., völlig neubearbeitete und verbesserte Auflage von *Th. Klug*. 145 Seiten. 1950 Bd. 335

Die Seifenfabrikation von *K. Braun†*. 3., neubearbeitete und verbesserte Auflage von *Th. Klug*. 116 Seiten mit 18 Abbildungen. 1953 . . . . Bd. 336

Textilindustrie.

I: Spinnerei und Zwirnerei von *A. Blümcke*. 112 Seiten mit 43 Abbildungen. 1954 . . . . Bd. 184

Biologie

Einführung in die allgemeine Biologie von *M. Hartmann*. In Vorbereitung . . . . Bd. 96

Hormone von *G. Koller*. 2., neubearbeitete und erweiterte Auflage. 187 Seiten mit 60 Abb. und 19 Tabellen. 1949 . Bd. 1141

Fortpflanzung im Tier- und Pflanzenreich von *J. Hämmerling*. 2., ergänzte Auflage. 135 Seiten mit 101 Abb. 1951 . Bd. 1138

Geschlecht und Geschlechtsbestimmung im Tier- und Pflanzenreich von *M. Hartmann*. 2., verbesserte Auflage. 116 Seiten mit 61 Abbildungen und 7 Tabellen. 1951. . Bd. 1127

Grundriß der allgemeinen Mikrobiologie von *W. Schwartz*.

I: 104 Seiten mit 17 Abbildungen. 1949. . . . . Bd. 1155

II: 93 Seiten mit 12 Abbildungen. 1949. . . . . Bd. 1157

Symbiose der Tiere mit pflanzlichen Mikroorganismen von *P. Buchner*. 2., verbesserte und vermehrte Auflage. 130 Seiten mit 121 Abbildungen. 1949 . . . . Bd. 1128

Botanik

Entwicklungsgeschichte des Pflanzenreiches von *H. Heil*. 2. Auflage. 138 Seiten mit 94 Abbildungen und 1 Tabelle. 1950 Bd. 1137

Morphologie der Pflanzen von *L. Geitler*. 3. Auflage. 126 Seiten mit 114 Abbildungen. 1953 . . . . Bd. 141

Pflanzenzüchtung von *H. Kuckuck*. 3., völlig umgearbeitete Auflage.

I: Grundzüge der Pflanzenzüchtung. 132 Seiten mit 22 Abbildungen. 1952 . . . . Bd. 1134

Die Laubhölzer von *F. W. Neger†* und *E. Münch†*. Kurzgefaßte Beschreibung der in Mitteleuropa gedeihenden Laubbäume und Sträucher. 3., durchgesehene Auflage, herausgegeben von *B. Huber*. 143 Seiten mit 63 Figuren und 7 Tabellen. 1950 . . . . Bd. 718

Die Nadelhölzer (Koniferen) und übrigen Gymnospermen von *F. W. Neger†* und *E. Münch†*. 4. Auflage. Durchgesehen und ergänzt von *B. Huber*. 140 Seiten mit 75 Figuren, 4 Tabellen und 3 Karten. 1952 . . . . Bd. 355

Zoologie

Entwicklungsphysiologie der Tiere von *F. Seidel*.

I: Ei und Furchung. 126 Seiten mit 29 Abbildungen. 1953 . . . . Bd. 1162

II: Körpergrundgestalt und Organbildung. 159 Seiten mit 42 Abbildungen. 1953 . . . . Bd. 1163

Das Tierreich.

Fische von *D. Lüdemann*. 130 Seiten mit 65 Abbildungen. 1955 . . . . Bd. 356

Insekten von *H. von Lengerken*. 128 Seiten mit 58 Abbildungen. 1953 . . . . Bd. 594

Lurche von *K. Herter.* 140 Seiten mit 129 Abbild. 1955 Bd. 847
Spinnentiere von *A. Kaestner.* 96 S. mit 55 Abb. 1955 Bd. 1161
Würmer von *S. Jaeckel.* 112 Seiten mit 36 Abbild. 1955 Bd. 439
Weichtiere von *S. Jaeckel.* 92 Seiten mit 34 Abbildungen. 1954 . . . . Bd. 440
Stachelhäuter von *S. Jaeckel.* 100 Seiten mit 46 Abbildungen. 1955 . . . . Bd. 441
Schwämme und Hohltiere von *H. J. Hannemann.* 95 Seiten mit 80 Abbildungen. 1956 . . . . Bd. 442
Krebse von *H. E. Gruner* und *K. Deckert.* Mit 43 Abbildungen. 1956. In Vorbereitung . . . . Bd. 443
Protozoa von *E. Reichenow.* 1956. In Vorbereitung Bd. 444

Vergleichende Physiologie der Tiere von *K. Herter.* 3. Auflage der „Tierphysiologie".
I: Stoff- und Energiewechsel. 155 Seiten mit 64 Abbild. 1950 . . . . Bd. 972
II: Bewegung und Reizerscheinungen. 148 Seiten mit 110 Abbildungen. 1950 . . . . Bd. 973

Land- und Forstwirtschaft

Landwirtschaftliche Tierzucht von *H. Vogel.* Die Züchtung und Haltung der landwirtschaftlichen Nutztiere. 139 Seiten mit 11 Abbildungen. 1952 . . . . Bd. 228

Kulturtechnische Bodenverbesserungen von *O. Fauser.* 4., neubearbeitete Auflage.
I: Allgemeines, Entwässerung. 122 Seiten mit 47 Abbildungen. 1947 . . . . Bd. 691
II: Bewässerung, Ödlandkultur, Umlegung. 150 Seiten mit 67 Abbildungen. 1949 . . . . Bd. 692

Agrikulturchemie von *K. Scharrer.*
I: Pflanzenernährung. 143 Seiten. 1953 . . . . Bd. 329
II: Futtermittelkunde. 1956. In Vorbereitung . . . . . Bd. 330

Geologie · Mineralogie · Kristallographie

Kristallographie von *W. Bruhns †* und *P. Ramdohr.* 4. Auflage. 106 Seiten mit 163 Abbildungen. 1954 . . . . Bd. 210

Einführung in die Kristalloptik von *E. Buchwald.* 4., verbess. Auflage. 138 Seiten mit 121 Figuren. 1952 . . . . . . Bd. 619

Lötrohrprobierkunde von *M. Henglein.* Mineraldiagnose mit Lötrohr- und Tüpfelreaktion. 3., verbesserte Auflage. 91 Seiten mit 11 Figuren. 1949 . . . . Bd. 483

Mineral- und Erzlagerstättenkunde von *H. Huttenlocher †.*
I: 128 Seiten mit 34 Abbildungen. 1954. . . . . Bd. 1014
II: 156 Seiten mit 48 Abbildungen. 1954. . . . . . Bd. 1015/1015a

Allgemeine Mineralogie von *R. Brauns †* und *K. F. Chudoba.* 9., erweiterte Auflage der „Mineralogie" von *Brauns-Chudoba.* 104 Seiten mit 107 Figuren, 1 Tafel, 2 Tabellen. 1955 . . . . Bd. 29

Spezielle Mineralogie von *R. Brauns †* und *K. F. Chudoba.* 9., erweiterte Auflage der „Mineralogie" von *Brauns-Chudoba.* 133 Seiten mit 105 Figuren. 1955 . . . . . . Bd. 31

Petrographie. Von *W. Bruhns †* und *P. Ramdohr.* 4., durchgesehene Auflage. 104 Seiten mit 10 Figuren. 1955 . . Bd. 173

Geologie von *F. Lotze.* 176 Seiten mit 80 Abbildungen. 1955 . . Bd. 13

Technik

Elektrotechnik

Grundlagen der Elektrotechnik von *O. Mohr*. 2 Bände. In Vorbereitung . . . . Bd. 196/197

Die Gleichstrommaschine von *K. Humburg*. Durchgesehener Neudruck.
I: 102 Seiten mit 59 Abbildungen. 1949 . . . . Bd. 257
II: 98 Seiten mit 38 Abbildungen. 1949 . . . . Bd. 881

Die synchrone Maschine von *K. Humburg*. Neudruck. 109 Seiten mit 78 Bildern. 1951 . . . . Bd. 1146

Induktionsmaschinen von *F. Unger*. 2., erweiterte Auflage. 142 Seiten mit 49 Abbildungen. 1954 . . . . Bd. 1140

Die komplexe Berechnung von Wechselstromschaltungen von *H. H. Meinke*. 160 Seiten mit 114 Abbildungen. 1949 . Bd. 1156

Theoretische Grundlagen zur Berechnung der Schaltgeräte von *F. Kesselring*. 3. Auflage. 144 Seiten mit 92 Abbildungen. 1950 . . . . Bd. 711

Einführung in die Technik selbsttätiger Regelungen von *W. zur Megede*. 1956. In Vorbereitung . . . . Bd. 714/714a

Elektromotorische Antriebe (Grundlagen für die Berechnung) von *A. Schwaiger*. 3., neubearbeitete Auflage. 96 Seiten mit 34 Abbildungen. 1952 . . . . Bd. 827

Technische Tabellen und Formeln von *W. Müller*. 4., verbesserte und erweiterte Auflage von *E. Schulze*. 152 Seiten mit 105 Figuren. 1951 . . . . Bd. 579

Überspannungen und Überspannungsschutz von *G. Frühauf*. Durchgesehener Neudruck. 122 Seiten mit 98 Abbildungen. 1950 . . . . Bd. 1132

Maschinenbau

Metallkunde. Einführendes über Aufbau, Eigenschaften und Untersuchung von Metallen und Legierungen sowie über Grundlagen des Schmelzens, des Gießens, des Verformens, der Wärmebehandlung, der Oberflächenbehandlung, der Verbinde- und Trennarbeiten von *H. Borchers*.
I: Aufbau der Metalle und Legierungen. 3. Auflage. 1956. In Vorbereitung . . . . Bd. 432
II: Eigenschaften. Grundzüge der Form- und Zustandsgebung. 2. Auflage. 154 Seiten mit 8 Tabellen und 100 Abbildungen. 1952 . . . . Bd. 433

Die Werkstoffe des Maschinenbaues von *A. Thum* und *C. M. Freiherr von Meysenbug*.
I: 1956. In Vorbereitung . . . . Bd. 476

Dynamik von *W. Müller*. 2., verbesserte Auflage.
I: Dynamik des Einzelkörpers. 128 Seiten mit 48 Figuren. 1952 . . . . Bd. 902
II: Systeme von starren Körpern. 102 Seiten mit 41 Figuren. 1952 . . . . Bd. 903

Technische Schwingungslehre von *L. Zipperer*. 2., neubearbeitete Auflage.

I: Allgemeine Schwingungsgleichungen, einfache Schwinger. 120 Seiten mit 101 Abbildungen. 1953 . . . . . Bd. 953
II: Torsionsschwingungen in Maschinenanlagen. 102 Seiten mit 59 Abbildungen. 1955 . . . . Bd. 961/961a

Transformatoren von *W. Schäfer.* 2. Auflage mit 74 Abbildungen. 1956. In Vorbereitung . . . . Bd. 952

Werkzeugmaschinen für Metallbearbeitung von *K. P. Matthes.*
I: 110 Seiten mit 27 Abbildungen, 11 Zahlentafeln im Text und 1 Tafelanhang. 1954 . . . . Bd. 561
II: Fertigungstechnische Grundlagen der neuzeitlichen Metallbearbeitung. 101 Seiten mit 30 Abbildungen und 5 Tafeln im Text. 1955 . . . . Bd. 562

Die Maschinenelemente von *E. A. vom Ende.* 3., verbesserte Auflage. Mit 175 Figuren und 9 Tafeln. 1956. In Vorbereitung . . . . Bd. 3

Das Maschinenzeichnen mit Einführung in das Konstruieren von *W. Tochtermann.* 4. Auflage.
I: Das Maschinenzeichnen. 156 Seiten mit 77 Tafeln. 1950 Bd. 589
II: Ausgeführte Konstruktionsbeispiele. 130 Seiten mit 58 Tafeln. 1950 . . . . Bd. 590

Getriebelehre von *P. Grodzinski.* 2., neubearbeitete Auflage.
I: Geometrische Grundlagen. 159 Seiten mit 142 Figuren. 1953 . . . . Bd. 1061

Gießereitechnik von *H. Jungbluth.*
I: Eisengießerei. 126 Seiten mit 44 Abbildungen. 1951 . . Bd. 1159

Die Dampfkessel und Feuerungen einschließlich Hilfseinrichtungen in Theorie, Konstruktion und Berechnung von *W. Marcard †.* 2. Auflage. Neubearbeitet von *K. Beck.*
I: Die theoretischen Grundlagen. Wärme, Verbrennung, Wärmeübertragung. 150 Seiten mit 42 Abbildungen und 16 Tabellen. 1951 . . . . Bd. 9
II: Dampfkessel. 147 Seiten mit 43 Abbildungen. 1952 . . Bd. 521

Dampfturbinen von *C. Zietmann.* 3., verbesserte Auflage.
I: Theorie der Dampfturbinen. 140 Seiten mit 48 Abbildungen. 1955 . . . . Bd. 274
II: Die Berechnung der Dampfturbinen und die Konstruktion der Einzelteile. 134 Seiten mit 111 Abbildungen. 1956 . . . . Bd. 715
III: Ihre Wirkungsweise, Berechnung und Konstruktion. Mit 90 Abbildungen. 1956. In Vorbereitung . . . . . Bd. 716

Industrielle Kraft- und Wärmewirtschaft von *F. A. F. Schmidt.* 1956. In Vorbereitung. . . . . Bd. 318/318a

Technische Thermodynamik von *W. Nusselt.*
I: Grundlagen. 4., verbesserte Auflage. 144 Seiten mit 71 Abbildungen. 1956. In Vorbereitung . . . . Bd. 1084
II: Theorie der Wärmekraftmaschinen. Neudruck. 144 Seiten mit 87 Abbildungen und 32 Zahlentafeln. 1951 . . Bd. 1151

Autogenes Schweißen und Schneiden von *H. Niese.* 5. Auflage. Neubearbeitet von *A. Küchler.* 136 Seiten mit 71 Figuren. 1954 . . . . Bd. 499

Die elektrischen Schweißverfahren von *H. Niese.* 2. Auflage. Neubearbeitet von *H. Dienst.* 136 Seiten mit 58 Abbildungen. 1955 . . . . Bd. 1020

Hebezeuge von *G. Tafel.*
I: 2., verbesserte Auflage. 276 Seiten mit 230 Figuren. 1954 . . . . Bd. 414/414a

Wasserbau

Wasserkraftanlagen von *A. Ludin.*
I: Planung, Grundlagen und Grundzüge. 124 Seiten mit 60 Abbildungen. 1955 . . . . Bd. 665
II: In Vorbereitung . . . . Bd. 666

Verkehrswasserbau von *H. Dehnert.*
I: Entwurfsgrundlagen, Flußregelungen. 103 Seiten mit 52 Textabbildungen. 1950 . . . . Bd. 585
II: Flußkanalisierungen und Schiffahrtskanäle. 94 Seiten mit 60 Textabbildungen. 1950 . . . . Bd. 597
III: Schleusen und Hebewerke. 98 Seiten mit 70 Textabbildungen. 1950 . . . . Bd. 1152

Talsperren von *F. Tölke.* 122 Seiten mit 70 Abbildungen. 1953 Bd. 1044

Wehr- und Stauanlagen von *H. Dehnert.* 134 Seiten mit 90 Abbildungen. 1952 . . . . Bd. 965

Hoch- und Tiefbau

Festigkeitslehre von *W. Gehler †* und *W. Herberg.*
I: Elastizität, Plastizität und Festigkeit der Baustoffe und Bauteile. Durchgesehener und erweiterter Neudruck. 159 Seiten mit 18 Bildern. 1952 . . . . Bd. 1144
II: Formänderung, Platten, Stabilität und Bruchhypothesen. Bearb. von *W. Herberg* und *N. Dimitrov.* 187 Seiten mit 94 Bildern. 1955 . . . . Bd. 1145/1145a

Statik der Baukonstruktionen von *A. Teichmann.*
I: Grundlagen. 101 Seiten mit 51 Abbildungen und 8 Formentafeln. 1956 . . . . Bd. 119

Grundlagen des Stahlbetonbaus von *A. Troche.* 2., neubearbeitete und erweiterte Auflage. 208 Seiten mit 75 Abbildungen, 17 Bemessungstafeln und 20 Rechenbeispielen. 1953 . . . . Bd. 1078

Fenster, Türen, Tore aus Holz und Metall. Eine Anleitung zu ihrer guten Gestaltung, wirtschaftlichen Bemessung und handwerksgerechten Konstruktion von *W. Wickop.* 4., überarbeitete Auflage. 155 Seiten mit 95 Abbildungen 1955 . . . . Bd. 1092

Die wichtigsten Baustoffe des Hoch- und Tiefbaus von *O. Graf.* 4., verbesserte Auflage. 131 Seiten mit 63 Abbildungen. 1953 . . . . Bd. 984

Baustoffverarbeitung und Baustellenprüfung des Betons von *A. Kleinlogel.* 2., neubearbeitete und erweiterte Auflage. 126 Seiten mit 35 Abbildungen. 1951 . . . . . Bd. 978

Heizung und Lüftung von *J. Körting †* und *W. Körting.* 8., neubearbeitete Auflage.
I: Das Wesen und die Berechnung der Heizungs- und Lüftungsanlagen. 140 Seiten mit 29 Abbildungen und 18 Zahlentafeln. 1951 . . . . Bd. 342
II: Die Ausführung der Heizungs- und Lüftungsanlagen. 152 Seiten mit 165 Abbildungen und 7 Zahlentafeln. 1954 . . . . Bd. 343

SAMMLUNG GÖSCHEN - BANDNUMMERNFOLGE

1 Langosch, Der Nibelunge Nôt
3 vom Ende, Maschinenelemente
9 Marcard-Beck, Dampfkessel I
13 Lotze, Geologie
20 Hofstaetter-Spree, Dt. Sprachlehre
29 Brauns-Chudoba, Allg. Mineralogie
30 Eckert-Greifendorff-Kleffner, Kartenkunde
31 Brauns-Chudoba, Spez. Mineralogie
35 Treue, Deutsche Geschichte
37 Klemm, Anorganische Chemie
38/38a Schlenk, Organ. Chemie
42 Behn, Vorgeschichte Europas
51 Bürklen-Ringleb, Mathematische Formelsammlung
60 Biehle, Stimmkunde
61 Biehle, Redetechnik
66 Berneker-Vasmer, Russische Grammatik
70 Nestle, Griech. Literaturgesch. I
71 Schulze, Allgem. und physikalische Chemie I
76 Döring, Einführg. i. d. theoret. Physik I
77 Döring, Einführg. i. d. theoret. Physik II
78 Döring, Einführg. i. d. theoret. Physik III
79 Hempel, Got. Elementarbuch
80 Weigert, Stilkunde I
96 Hartmann, Allg. Biologie
101 v. Wiese, Soziologie
103 Dahrendorf, Industrie- und Betriebssoziologie
104/104a Hofstätter, Sozialpsychol.
111 Hoffmann-Debrunner, Geschichte der griech. Sprache I
114 Debrunner, Geschichte der griech. Sprache II
117 Brandenstein, Griechische Sprachwissenschaft I
118 Brandenstein, Griechische Sprachwissenschaft II
119 Teichmann, Statik der Baukonstruktionen
125 Vossler, Italienische Literaturgeschichte
128/128a Lausberg, Roman. Sprachwiss. I
136 Mahler, Physikalische Formelsammlung
141 Geitler, Morphologie der Pflanzen
142 Haack, Darst. Geometrie I
143 Haack, Darst. Geometrie II
144 Haack, Darst. Geometrie III
145 Weimer, Geschichte der Pädagogik
146 Witting, Repetitorium und Aufgabensammlung zur Differentialrechnung
147 Witting, Repetitorium und Aufgabensammlung zur Integralrechnung
156/156a Landmann, Philosoph. Anthropologie
170 Oehlmann, Musik des 19. Jahrhunderts
173 Bruhns-Ramdohr, Petrographie
180 Böhm, Versicherungsmathematik I
184 Blümcke, Spinnerei und Zwirnerei
196 Mohr, Grundlagen der Elektrotechnik I
197 Mohr, Grundlagen der Elektrotechnik II
200/200a Gottschald, Dt. Rechtschreibungswörterbuch
210 Bruhns-Ramdohr, Kristallographie
220/220a Moser, Allgemeine Musiklehre
221 Jander-Jahr, Maßanalyse I
222 Hassak-Beutel, Warenkunde I
223 Hassak-Beutel, Warenkunde II
226 Hofmann, Geschichte der Mathematik I
228 Vogel, Landw. Tierzucht
230 Krieger, Bad. Geschichte
238 Krahe, German. Sprachwiss. I
243 Mahler, Physikal. Aufgabensammlung
247 Hoppe, Analytische Chemie I
248 Hoppe, Analytische Chemie II
250 Lausberg, Roman. Sprachwiss. II
252 Dassler, Elektrochemie I
253 Dassler, Elektrochemie II
256 Haussner, Aufgabensammlung zur analytischen Geometrie der Ebene
257 Humburg, Die Gleichstrommaschine I

264 Lockemann, Geschichte der Chemie I
265/265a Lockemann, Geschichte der Chemie II
270 Kirn, Einführung in die Geschichtswissenschaft
274 Zietemann, Dampfturbinen I
279 Jacob, Quellenkunde der deutschen Geschichte I
280 Jacob, Quellenkunde der deutschen Geschichte II
281 Leisegang, Einführung in die Philosophie
284 Jacob-Weden, Quellenkunde der deutschen Geschichte III
318/318a Schmidt, Industrielle Kraft- und Wärmewirtschaft
319 Krug, Australien und Ozeanien
329 Scharrer, Agrikulturchemie I
330 Scharrer, Agrikulturchemie II
335 Braun-Klug, Fette und Öle
336 Braun-Klug, Seifenfabrikation
342 Körting, Heizung und Lüftung I
343 Körting, Heizung und Lüftung II
344 Moser, Musikästhetik
354 Valentiner, Vektoranalysis
355 Neger-Münch, Nadelhölzer
356 Lüdemann, Fische
374 Döring, Einführung in die theoretische Physik IV
375 Preller, Geschichte Englands I
394/394a Schilling, Von der Renaissance bis Kant
414/414a Tafel, Hebezeuge I
422 Gottschald, Dt. Personennamen
423 Adler, Fünfstell. Logarithmen
432 Borchers, Metallkunde I
433 Borchers, Metallkunde II
439 Jaeckel, Würmer
440 Jaeckel, Weichtiere
441 Jaeckel, Stachelhäuter
442 Hannemann, Schwämme und Hohltiere
443 Gruner-Deckert, Krebse
444 Reichenow, Protozoa
445 Asmus, Physikal.-chemische Rechenaufgaben
452 Bahrdt-Scheer, Stöchiometrische Aufgabensammlung
468 Werkmeister, Vermessungskunde I
469 Werkmeister, Vermessungskunde II
476 Thum-Meysenburg, Die Werkstoffe des Maschinenbaues I
483 Henglein, Lötrohrprobierkunde
492 Stolz-Debrunner, Geschichte der lateinischen Sprache
499 Niese, Autogen. Schweißen
500 Simmel, Hauptprobleme der Philosophie
521 Marcard-Beck, Dampfkessel und Feuerungen II
536 Lehmann, Kant
538 Rumpf, Archäologie I
539 Rumpf, Archäologie II
557 Nestle, Griechische Literaturgeschichte II
561 Matthes, Werkzeugmaschinen I
562 Matthes, Werkzeugmasch. II
564 Behn, Kultur der Urzeit I
565 Behn, Kultur der Urzeit II
566 Behn, Kultur der Urzeit III
571 Lehmann, Philosophie des 19. Jahrhunderts
576/576a Moser, Gesangskunst
579 Müller-Schulze, Techn. Tabellen
585 Dehnert, Verkehrswasserbau I
589 Tochtermann, Maschinenzeichnen I
590 Tochtermann, Maschinenzeichnen II
594 Lengerken, Insekten
597 Dehnert, Verkehrswasserbau II
619 Buchwald, Kristalloptik
665 Ludin, Wasserkraftanlagen I
666 Ludin, Wasserkraftanlagen II
668 Knopp, Funktionentheorie I
691 Fauser, Kulturtechn. Bodenverbesserungen I
692 Fauser, Kulturtechn. Bodenverbesserungen II
698/698a Schulze, Allgemeine und physikalische Chemie II
703 Knopp, Funktionentheorie II
709 Lehmann, Philosophie des 19. Jahrhunderts II
711 Kesselring, Berechnung der Schaltgeräte
714/714a zur Megede, Einführung in die Technik selbsttätiger Regelungen
715 Zietemann, Dampfturbinen II
716 Zietemann, Dampfturbinen III
718 Neger-Münch, Laubhölzer
735 Ekwall, Hist. neuengl. Laut- und Formenlehre
763/763a Beer-Meyer, Hebräische Grammatik I
764/764a Beer-Meyer, Hebräische Grammatik II

768 Bieberbach, Einführung in die konforme Abbildung
780 Krahe, Germ. Sprachwiss. II
781 Weigert, Stilkunde II
786 Schulze, Molekülbau
807 Kropp, Erkenntnistheorie I
809 Moser, Harmonielehre I
826 Koch, Philosophie des Mittelalters
827 Schwaiger, Elektromotorische Antriebe
845 Lehmann, Philosophie im ersten Drittel des 20. Jahrh.
847 Herter, Lurche
851 Moede, Psychologie des Berufs- und Wirtschaftslebens
856 Quelle, Iberoamerika
857 Capelle, Griech. Philosophie I
858 Capelle, Griech. Philosoph. II
859 Capelle, Griech. Philosoph. III
862 Werkmeister, Vermessungskunde III
863 Capelle, Griech. Philosoph. IV
877 Knopp, Aufgabensammlung zur Funktionentheorie I
878 Knopp, Aufgabensammlung zur Funktionentheorie II
881 Humburg, Gleichstrommaschine II
902 Müller, Dynamik I
903 Müller, Dynamik II
910 Jaeger, Afrika I
911 Jaeger, Afrika II
917/917a Böhm, Versicherungsmathematik II
920 Hoheisel, Gewöhnliche Differentialgleichungen
929 Schirmer, Dt. Wortkunde
930 Krull, Elementare und klassische Algebra I
931 Hasse, Höhere Algebra I
932 Hasse, Höhere Algebra II
952 Schäfer, Transformatoren
953 Zipperer, Techn. Schwingungslehre I
961/961a Zipperer, Techn. Schwingungslehre II
965 Dehnert, Wehr- u. Stauanlagen
970 Baldus-Löbell, Nichteuklid. Geometrie
972 Herter, Tierphysiologie I
973 Herter, Tierphysiologie II
978 Kleinlogel, Baustoffverarbeitung und Baustellenprüfung des Betons
984 Graf, Die wichtigsten Baustoffe des Hoch- und Tiefbaus
999/999a Kamke, Mengenlehre
1000 Jaspers, Geistige Situation
1002 Jander-Jahr, Maßanalyse II
1003 Hoheisel, Partielle Differentialgleichungen
1004 Jander-Jahr, Maßanalyse III
1008 Mellerowicz, Allgemeine Betriebswirtschaftslehre I
1009 Bechert-Gerthsen, Atomphysik I
1014 Huttenlocher, Mineral- und Erzlagerstättenkunde I
1015/1015a Huttenlocher, Mineral- und Erzlagerstättenkunde II
1021 Niese-Dienst, Elektr. Schweißverfahren
1031 Apel, Philosophisches Wörterbuch
1033 Bechert-Gerthsen, Atomphysik II
1043 Kranefeldt, Therapeutische Psychologie
1039 Dovifat, Zeitungslehre I
1040 Dovifat, Zeitungslehre II
1044 Tölke, Talsperren
1045 Schubert, Technik des Klavierspiels
1051/1051a zu Stolberg-Wernigerode, Gesch. d. Verein. Staaten v. Amerika
1057 Roth, Thermochemie
1059 Hoheisel, Aufgabensammlg. z. d. gewöhnl. u. part. Differentialgleichungen
1061 Grodzinski, Getriebelehre I
1065 Haller, Von den Karolingern zu den Staufern
1070 Sauter, Differentialgleichungen der Physik
1078 Troche, Stahlbetonbau
1082 Hasse-Klobe, Aufgabensammlung zur Höheren Algebra
1084 Nusselt, Technische Thermodynamik I
1086 Müller, Dt. Dichten u. Denken
1088 Preller, Geschichte Engld. II
1092 Wickop, Fenster, Türen, Tore,
1094 Hernried, System. Modulation
1105 Hartung, Dt. Geschichte im Zeitalter der Reformation
1108 de Boor-Wisniewski, Mittelhochdeutsche Grammatik
1109 Knopp, Elemente der Funktionentheorie
1111 Naumann-Betz, Althochdeutsches Elementarbuch

1113/1113a Strubecker, Differentialgeometrie I
1114 Schubel, Englische Literaturgeschichte I
1115 Ranke, Altnord. Elementarbuch
1116 Meissner, Englische Literaturgeschichte II
1121 Naumann, Dt. Dichten und Denken
1122 Feist, Sprechen und Sprachpflege
1123/1123a Bechert-Gerthsen, Atomphysik III
1124 Meissner, Englische Literaturgeschichte III
1125 Lehnert, Altengl. Elementarbuch
1127 Hartmann, Geschlecht und Geschlechtsbestimmung im Tier- und Pflanzenreich
1128 Buchner, Symbiose der Tiere mit pflanzl. Mikroorganismen
1130 Dibelius, Jesus
1131 Scholz-Schoeneberg Einführung in die Zahlentheorie
1132 Frühauf, Überspannungen und Überspannungsschutz
1134 Kuckuck, Pflanzenzüchtung I
1135 Lehnert, Beowulf
1136 Meissner, Englische Literaturgeschichte IV
1137 Heil, Entwicklungsgeschichte des Tier- und Pflanzenreichs
1138 Hämmerling, Fortpflanzung im Tier- und Pflanzenreich
1140 Unger, Induktionsmaschinen
1141 Koller, Hormone
1142 Meissner-Lehnert, Shakespeare
1144 Gehler, Festigkeitslehre I
1145/1145a Herberg, Festigkeitslehre II
1146 Humburg, Synchrone Maschine
1147 v. Waltershausen, Kunst des Dirigierens
1148 Pepping, Der polyphone Satz I
1151 Nusselt, Technische Thermodynamik II
1152 Dehnert, Verkehrswasserbau III
1153 Mellerowicz, Allg. Betriebswirtschaftslehre II
1154 Mellerowicz, Allg. Betriebswirtschaftslehre III
1155 Schwartz, Mikrobiologie I
1156 Meinke, Kompl. Berechng. d. Wechselstromschaltungen
1157 Schwartz, Mikrobiologie II
1158 Mayrhofer, Sanskrit-Grammatik
1159 Jungbluth, Gießereitechnik I
1160 Dibelius-Kümmel, Paulus
1161 Kaestner, Spinnentiere
1162 Seidel, Entwicklungsphysiologie der Tiere I
1163 Seidel, Entwicklungsphysiologie der Tiere II
1165/1165a Bechert-Gerthsen, Atomphysik IV
1169 Paulsen, Allgem. Volkswirtschaftslehre I
1170 Paulsen, Allgem. Volkswirtschaftslehre II
1171 Paulsen, Allgem. Volkswirtschaftslehre III
1172 Paulsen, Allgem. Volkswirtschaftslehre IV

AUTORENREGISTER

MIX
Papier | Fördert gute Waldnutzung
FSC® C083411

Zeitfracht Medien GmbH
Ferdinand-Jühlke-Straße 7
99095 Erfurt, Deutschland
produktsicherheit@kolibri360.de